역사로 읽는 우리 과학

아침교양과학

# 역사로 읽는 우리 과학

과학자들이 만든 한국사

과학사랑 지음

아침

### 머리말

# 21세기의 과학 한국을 위하여

17세기에 유럽에서 일어난 과학 혁명 이후, 기계적 철학에 근거한 서구의 과학 문명은 그 힘을 무한히 뻗칠 수 있다고 생각되었다. 세계의 정복과 제국의 건설을 과학과 기술의 힘으로 이룩하려는 야심에 차 있었던 것이다.

과학과 기술의 시대가 언제나 인간의 꿈이었을까? 아마도 역사상 처음으로 18세기 계몽주의자들에 의하여 과학과 기술의 시대가 꿈과 이상으로 상정되었을 것이다. 그들이 생각하였던 이상적 세계는 그 후 20세기에 이르도록 계속 추구되었다. 과학 기술 주의는 수많은 기계와 도구들을 만들어 냄으로써 인간 생활을 윤택하게 하고 발전시켰다.

그러나 긍정적 기능 이외에 그 해악도 나타났다. 전쟁에 이용되어 수많은 인명을 살상하는 무기들, 인간의 자유로운 의지를 통제하는 여러 가지 컴퓨터 기술, 인간 복제 기술이 오히려 인간에게 공포를 주고 있다. 더욱이 과학과 기술 문명이 빚어 놓은 지구 생태계의 파괴는 가장 우려되는 부작용이다. 과학과 기술은 야누스와 같은 두 얼굴을 가졌던 것이다.
  그 동안 과학과 기술에 후진적이었던 제3세계의 국가들은 과학과 기술만이 살 길이라고 부르짖으면서 산업화에 박차를 가했다. 그리고 또다시 그 혜택과 함께 많은 피해들을 여기저기서 맛보고 있다. 이제 우리는 진정한 과학과 기술이 무엇인지 다시 한번 생각할 시기를 맞이하게 된 것이다.
  여기에 전통의 과학 기술론을 이야기하는 당위성이 있다. 과학과 기술이 서양의 기계적 철학에 바탕한 서구 문물의 유산이라는 관점에서 조금 벗어나 동양, 적어도 한국에서 과학 기술은 예전에 이러했음을 밝히는 작업이 필요하다는 말이다.
  과학이란 무엇인가. 또 기술이란 무엇인가. 서양의 과학 기술과 동양의 그것은 어떻게 다른가, 또는 같은가. 한국 과학 기술사를 쓰는 것은 바로 이 질문에서 시작하여 그것에 답하는 과정일 것이다.
  한국인이 한국말로 과학을 하는 날, 진정으로 한국 과학을 가지게 될 것이다. 한국말로 과학을 했던 우리 조상들의 흔적을 더듬어 보는 작업이 이 때문에 긴요하다. 물론 부족한 점이 많았다. 연구 성과의 일천함이 가장 큰 걸림돌이었다.
  그러나 21세기의 과학 한국을 위한 자부심을 갖기 위해서도 우리 전통의 과학 기술에 대하여 알아야 한다는 의무감 비슷한 것이 이 책을 엮게 만들었다. 비록 책 속에서 충분한 답을 내리지는 못하였지만, 이를 계기로 보다 광범한 전통 과학에 대한 논의가 있기를 바란다.
  이 책에 소개되어 있는 인물들의 시대적 배경에 대하여 약간 언급하면 다음과 같다.
　첫째, 고대의 성립과 국가 완성기에 중요했던 과학 기술은 제철 기술과 의학 기술 그리고 농업 기술 등이다. 따라서 다루어진 인물들은 청동기 시대의 농부와 석탈해, 우륵 그리고 승려 의사였다.
　둘째, 고려 시대 이후 본격화되는 중세에는 지리에 대한 원초적인 개념 형성을 살피기 위하여 김위제라는 풍수 학자를 살피고, 의복의 혁명을 일으켰던 문익점을 소개하였다.
　셋째, 15세기를 전후한 조선 사회는 생산력 제고를 목표로 연작 상경의 농업 기술이 추구되었다. 『농사직설』의 저자 정초를 중심으로 이 문제를 논의하였다. 조선 전기에는 강력한 국가를 만들기 위한 신진 사대부들의 노력이 곳곳에서 보인다. 그리고 모든 지식의 정리를 목표로 과학 기술 정책이 수립되었다. 따라서 고려 이래의 과학 기술을 정리하고 당시까지 중국에서 발달한 학문의 수입을 시도한 시기였다. 천문학, 의학, 농학, 의술 등의 자주화가 추구되었다. 천문학에서 장영실과 이천 등이 소개되었다.
　넷째, 16세기는 이전에 정리된 지식을 보다 이론적으로 성숙시키면서 활용한 시기였다. 먼저 16세기에는 생산력의 제고가 중요시되었다. 특히 상업의 역할이 돋보였다. 국제 무역에서 은이 중요해지면서 은 제련 기술이 발달하였다. 단천지방에서 개발된 은 제련법의 역사적 의미가 소개되었다. 그리고 조선 전기 이후 수집된 의학 서적을 총정리한 허준과 해부학 차원에서 논의될 수 있는 전유형 등이 소개되었다.
　다섯째, 17세기는 새로운 문화의 유입과 기존 철학의 난숙기였다. 임란과 호란을 치르고 난 후였으므로 국가 재정비를 목표로 모든 활동이 경주되었다. 특히 서양에 대한 최초의 충격이 호기심으로 나타났다. 『농가집성』의 저자 신속, 천문학자 송이영 그리고 수학자 최석정 등이 정리되었다.

여섯째, 18세기에는 자연사적 관심과 지식의 재정비 과정이 일어났다. 18세기의 과학 기술의 특징은 유서(類書 : 백과사전)의 발달로 대표되는 각종 지식과 기술을 활자화하려는 노력이 그것이다. 장인(匠人)들의 몸에 배인 지식을 활자로 정리하는 과정에서 지식의 권력이 재정비되었다. 기술은 곧 힘이었음을 파악한 정약용과 어류 지식의 정리에 앞장선 정약전 그리고 홍대용의 새로운 세계관 등이 소개되었다.

일곱째, 19세기에는 과학적 지식의 축적과 함께 본격적인 서양 문물의 도입기였다. 19세기는 서양 과학에 대한 새로운 인식이 형성되었다. 권력 특히 대포가 주는 힘의 이미지는 매우 강력하였다. '서양＝힘＝대포'라는 서양 과학의 수용이 군사 과학에서 시작되는 것은 당연하였다. 새로운 철학과 학문의 형성을 최한기, 김정호, 이제마, 지석영 등에서 살펴보았다. 그리고 마지막으로 일제 시대의 과학 운동론을 펼쳤던 김용관이 중요시되었다.

아무쪼록 이 책이 과학과 기술 나아가 역사에 관심을 가진 분들에게 도움이 되었으면 하는 마음 간절하다. 편자들의 능력이 모자란 탓으로 미처 정리하지 못한 사항들에 대해서는 차후 점차로 개정판을 준비하면서 보완하고자 한다.

1994년 5월
과학사랑 일동

차 례

□ 머리말 ● 5

## 1. 고대의 성립과 과학 기술

청동기 시대의 농부—대전 청동기 문양의 밭가는 인물 ● 15
쇠 부리는 왕자—석탈해 ● 24
음악의 하모니는 곧 하늘의 도이니라—우륵 ● 33
승의—충담사와 찬기파랑가 ● 41

## 2. 중세의 자연관과 인간의 노력

땅도 살아 있다—지리술사 김위제 ● 51
이이구 추워라, 솜옷 생각나는구나—문익점 ● 58
매년 농사짓는 법—정초 ● 67
하늘을 그대로 갖고 싶다—이천과 장영실 ● 74

차 례

### 3. 과학 지식의 정리와 기술의 발달

은을 만들자―김검동과 김감불 ● 83
해부를 하다니, 천벌을 받을라고―전유형과 임언국 ● 90
우리 것이 좋은 것이여―허준 ● 100

### 4. 국력의 재정비와 과학기술

모내기를 하자―신속 ● 111
하늘을 아는 자 누구인가―송이영 ● 121
아이고, 어려운 수학―최석정과 홍정하 ● 130

### 5. 과학, 기술의 힘이 발견되다

기술은 곧 힘이다―정약용 ● 141
지구가 돈다고?―홍대용 ● 149
어족 조사의 선구자―정약전 ● 158

**차 례**

### 6. 새로운 세계의 모델을 위하여

근대적 지도의 탄생 — 김정호 ● 167
사상의학과 근대 인간의 탄생 — 이제마 ● 176
근대적 학문의 출발 — 최한기 ● 185

### 7. 근대화와 과학 기술

곰보를 막아라 — 지석영 ● 195
전기·전신·전화, 근대화의 상징 — 상운 ● 205
과학 운동의 기수 — 김용관 ● 213

□ 참고 논저 목록 ● 221

# 고대의 성립과 과학 기술

청동기 시대의 농부 —대전 청동기 문양의 밭가는 인물
쇠 부리는 왕자—석탈해
음악의 하모니는 곧 하늘의 도이니라—우륵
승의—충담사와 찬기파랑가

# 청동기 시대의 농부
## 대전 청동기 문양의 밭가는 인물

청동기, 초기 철기 시대에 살던 사람들은 농경을 더욱 발전시켜 돌도끼나 홈자귀, 괭이로 땅을 개간하여 곡식을 심고, 가을에는 반달 돌칼로 이삭을 잘라 추수를 하였다. 농업은 조, 피, 콩, 보리 등 밭농사가 중심이었지만 저습지에서는 벼농사도 행해졌다. (중략) 집자리는 넓은 지역에 많은 수가 밀집되어 있는 취락 형태를 이루고 있었다. 이것은 농경의 발달과 인구의 증가로 정착 생활의 규모가 점차 확대되었음을 보여주는 것이다.

## 먹는 것이 곧 하늘이다

청동기 시대의 인간은 어떻게 살았을까. 청동기 시대에 대한 우리의 빈약한 상상력을 보완하기 위해 근래에 상영된 영화 두 편을 우선 떠올려 보자.

먼저 장자끄 아노 감독의 〈불을 찾아서〉. 우리는 이 영화를 통해서 '불'이 고대인들의 생활에 얼마나 큰 영향을 미쳤는지를 알 수 있었다.

이 영화에서도 보여지듯이 최초의 인간은 그저 야생의 풀이나 열매를 따먹었다. 때로는 무리를 지어 사냥하기도 했는데, 그 대상은 주로 약하고 순한 짐승들이었다. 물론 배가 고플 때는 큰 동물에게도 떼를 지어 공격했다. 이는 목숨을 건 사투였다. 가장 훌륭한 사냥 전사가 앞장서 한 손에 무기를 들고 긴장된 가운데 전진한다. 전사는 동료들에게 손짓 또는 몸짓으로 전방의 동물이 어떤 종류이고 어떤 상태인지 알려준다. 쥐죽은듯한 긴장감 속에 가끔 풀벌레 소리나 이름 모를 새들의 울음소리만이 하늘을 가른다.

선사 시대의 유물들이 계속 발견되고 있는 것으로 보아 한반도에서도 위와 같은 모습은 쉽게 볼 수 있는 풍경이었을 것이다.

한편 우리 나라에서도 많은 관객을 동원했던 영화 〈늑대와 춤을〉은 우리에게 인디언들의 이름과 관련된 재미있는 사실을 제공하였다. 오늘날의 이름짓는 방법과는 달리 '주먹 쥐고 일어서'라든가 '늑대와 춤을' 등이 자신과 남을 구별하는 이름의 기본이었다는 점이다.

한국의 고대 세계에서도 이름짓는 방식이 이와 별 차이 없었을 거라고 추측해 본다면 한반도 청동기 시대의 주인으로 '곰처럼 끈기 있게'와 '호랑이의 용맹으로'라는 이름의 두 사람을 생각할 수 있다.

곰과 호랑이를 각각 토템으로 믿는 부족의 두 사람이 결혼해서 '단단하고 우아한 청동처럼'이라는 아이를 낳았다. 이 고대의 가족은 신석기 시대를 막 지나서 농사짓는 방식을 깨우치는 한편 사냥기술을 더욱 향상시켰다. 그러나 농사보다는 여전히 사냥과 낚시가 식량 공급의 주된 방법이었다.

'단단하고 우아한 청동처럼'은 항상 더 넓은 세상에 나아가 뛰노는 것을 꿈꾸었다. 출렁이며 흘러가는 강물과 그 안에서 힘차게 헤엄치는 물고기들은 그의 마음을 흔들어 놓았다. 그는 더 많은 사람들을 상대하면서 경험과 지혜를 쌓고 싶었다.

그러나 많은 사람들이 모여 살기에는 항상 먹을 것이 부족하였다. 사냥과 낚시는 따뜻한 철에는 좋았지만 겨울처럼 추운 날씨가 계속될 때는 어려움이 많았다. 동물들도 돌아다니지 않고 숨어서 추위를 피하기 때문이었다. 사람들은 굶주렸고 부족의 생계를 위해 사냥을 할 수 없는 노인이나 어린아이에게는 음식을 주지 못했다.

## 농업혁명

고대인들은 처음에는 야생 식물을 채집해서 식량으로 삼았다. 그러는 동안 그들은 무심코 흘린 씨앗이 자라는 것을 보고 재배를 시작했다. 농사를 짓게 되면서 생긴 이점은 이전에 비해 항상 일정하게 음식물을 공급받을 수 있다는 것이었다. 특히 겨울처럼 사냥감이 없는 시절에 가을에 추수했던 곡식을 먹는다는 것은 큰 행운이었다.

일정한 식사와 음식물의 섭취는 인간의 영양상태를 좋아지게 했고 여성들은 더 많은 아이를 낳을 수 있는 기회를 가지게 되었다. 인구가 늘어날 수 있는 좋은 조건이 만들어진 것이다. 이것이 신석기 후반에 일어난 농업혁명이었다. '혁명'이라면 사회의 근본구조를 흔들어 놓을 만한 사건이 되어야 한다. 농업혁명이 과연 그랬을까?

앞에서도 말했듯이 인간은 농업혁명을 통해서 역사상 최초로 자연에서 자라나고 있던 식물을 자신의 손으로 재배함으로써, 스스로 음식물을 만들어 낼 수 있게 되었다. 아마도 이때 주로 재배된 것은 조, 수수, 콩 같은 밭작물이었을 것이다. 이러한 작물들은 그저 뿌려만 놓으면 관리가 소홀해도 잘 자라는 것이기 때문이다.

그러나 점차 인구가 증가하면서 사냥과 밭작물에서 얻는 수확만으로는 늘어난 인구를 부양할 수 없게 되었다. 또 인구가 늘자 사냥감을 쫓아 이동을 해야 했던 당시에는 신속하게 이동하거나 집자리를 마련하는 것이 쉽지 않았다. 그들은 주로 물을 구하기 쉬우면서도 완만한 산지에 자리를 잡았다.

청동기 시대의 사람들은 다양한 작물을 재배하는 과정에서 벼가 다른 것에 비해 수확량이 많다는 사실을 알게 되었다. 벼는 다른 작물에 비해 한 줄기에 달려 있는 이삭의 수가 매우 많았다. 밀과 비교해 보아도 수 배에 이르렀다. 벼 재배의 이점이 인식되었고, 벼 재배를 위한 노력이 경주되었다. 이 시기가 대략 청동기 시대였다.

전통적으로 쌀을 주식으로 하는 한반도에서 벼농사의 기원은 역사의 시작이라고 할 만큼 중요하다. 한반도에서 살고 있었던 우리 조상들은 언제부터 쌀밥을 드셨을까?

한반도에 벼농사 방법이 최초로 들어온 시기는 일반적으로 기원전 1천년 전반의 청동기 시대 또는 무문토기 시대로 받아들여지고 있다. 일부에서는 벼농사가 이미 신석기 후반 즉 기원 전 2천년 정도에 시작되었다고 주장하기도 한다. 그러나 일반적으로 농사를 짓는 정착활동이 신석기 후반기에 시작되었다면 벼농사는 청동기 시대의 문화로 파악하는 것이 보다 정확할 것이다.

이렇게 증가된 식량생산은 더 많은 사람들이 밀집해서 생활할 수 있는 조건을 마련해 주었다. 점차 늘어난 인간 집단은 주변의 집단들과 경쟁하고 조화를 이루기도 하면서 보다 큰 정치집단으로 발전하

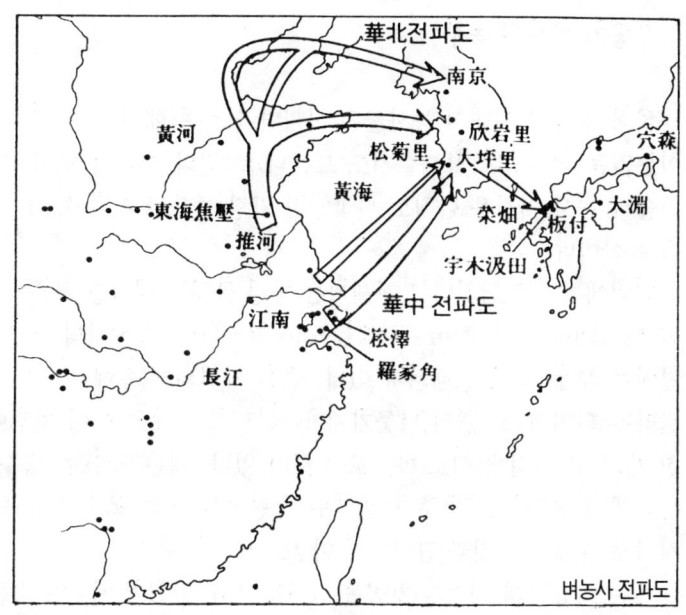

벼농사 전파도

였다. 한반도 최초의 국가인 고조선도 비슷한 경로로 성장하였다.

　만주지역을 제외하고 한반도에서 청동기 시대 벼 유적이 발견되는 곳은 평양과 여주, 합천, 부여, 태안, 진양 등지이다. 이러한 유적지들에서 새까맣게 타버린 탄화미와 벼알자국이 발견되고 있다. 이렇게 초기의 벼농사 유적이 발견되는 곳은 대체로 대동강 유역과 한강 유역 등의 중서부 지방이다. 이후 벼농사 지역은 점차 남부 지방으로 확산되었다.

　한국인의 조상인 청동기 시대인들은 어떻게 벼농사 방법을 알게 됐을까? 벼농사의 전파경로에 대해서도 양자강 유역으로부터 건너 왔을 가능성, 중국의 북쪽 지역으로부터 유입되었을 가능성 등 다양한 견해가 있다. 그러나 이들 견해 가운데 어느 것도 확실한 것이라고 보기는 어렵다. 다만 청동기 시대에 한반도에서 벼농사가 시작되었다는 점만이 확실할 뿐이다.

### 청동기 시대의 농부

한국 청동기 시대의 농사꾼은 어쩌면 역사 속에서 그저 사라져 간 이름없는 고대인에 불과할지도 모른다. 그러나 그들이 보여 주었던 기술과 농사 지식은 아직도 한국인의 가장 중요한 지적(知的), 문화적 유산이다.

대전에서 출토되었다고 전해지는 농경 문양이 새겨진 청동기는 길이 12.8cm, 폭 7.3cm, 두께 1.5cm 크기이다. 청동기의 앞면과 뒷면에는 모두 문양이 새겨져 있다. 먼저 앞면의 좌우에는 두 갈래로 갈라진 와이자(Y)형의 나뭇가지가 있고 그 위에는 몸에 반점이 찍힌 새가 한 마리씩 서로 마주보고 앉아 있다. 새는 매 또는 독수리인 듯한데 전통적으로 만주와 한반도 일원에서 매와 독수리를 죽음의 사자로 숭배하는 것과 관련이 있어 보인다.

새는 자유롭게 지상과 창공을 날아다닐 수 있었기 때문에 죽음(하늘)과 현실(지상)을 이어주는 매개자로 인식되기도 했다. 따라서 이 새문양은 종교적 의식과 관련된 상징으로 생각된다. 혹은 봄을 상징하는 '철새'로 볼 수도 있다. 봄에 새가 날아들면 농사를 시작할 때라고 생각했기 때문이다.

뒷면에는 밭가는 모습과 추수하는 모습이 그려져 있다. 뒷면의 왼쪽에는 머리 뒤에 상투가 달린 형상을 한 사람이 손을 앞으로 내리고 있다. 그 앞에 망을 씌운 것 같은 항아리가 놓여 있는데, 토기에 곡식을 담는 모습이다. 오른쪽에는 머리가 뒤로 길게 뻗쳐 있는 사람이 쌍날 형태의 따비로 밭을 갈고 있다. 밑에는 10개의 평행선이 가로로 그어져 밭고랑을 나타내 주고 있고 밭고랑 밑에는 또 한 사람이 두 손으로 괭이를 높이 쳐들고 있다.

이 그림이 정확히 벼농사를 의미한다고는 볼 수 없다. 그러나 농사 짓는 모습을 사실적으로 묘사한 유물로 이것만큼 오래된 것은 없다.

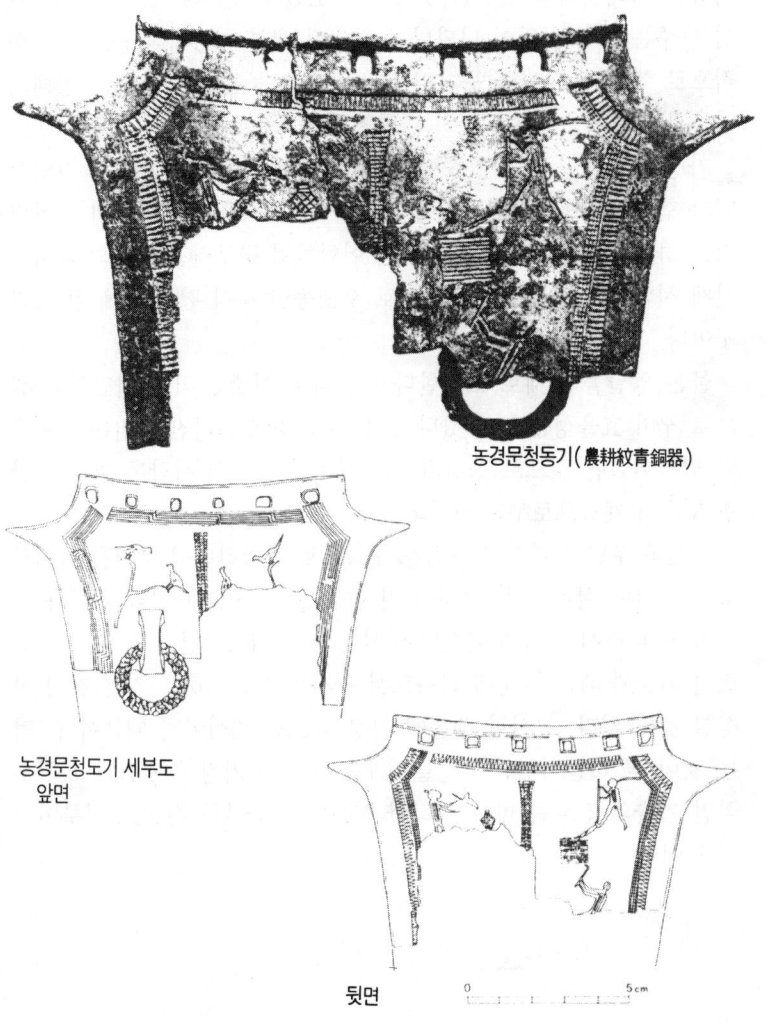

농경문청동기(農耕紋靑銅器)

농경문청동기 세부도
앞면

뒷면

청동기 시대의 농부 21

인간이 최초로 사용한 농기구는 그저 씨앗을 뿌릴 구멍을 파는 데 사용한 막대기처럼 생긴 나뭇가지 정도였을 것이다. 그러나 점차로 힘을 주는 방향과 일이 나타나는 형태에 대한 기하학적 구조가 경험적으로 쌓이게 되어 나뭇가지를 직각으로 묶는다든지 굽은 형태의 나뭇가지를 이용한다든지 하게 되었다.

가장 원시적인 농기구 중에 하나인 따비는 두 손만으로는 작업하기가 힘들었으므로, 따비 옆에 발판을 붙여 사용하는 방식이 고안되기도 하였다. 따비 중 코끼리의 앞 이빨처럼 구부러진 모양의 따비는 일제 시대까지 사용되었을 정도로 오랫동안 우리 곁에 함께 한 농기구이다.

물론 양날을 철제로 보강한다거나 따비 이빨의 각을 완만한 곡선으로 꾸며 효율성을 높여 왔다. 청동기 문양에 그려진 따비는 나무로만 만들어졌던 것으로 생각되는데 이처럼 역사의 시작은 한갓 간단한 도구와 개인으로부터 시작되었다.

인간은 부단히 자신의 환경을 대상으로 파악하면서 자연을 이해하고 이용하여 살아왔다. 그것이 기술이요, 그 기술의 지적 체계가 과학이다. 따라서 고대에 인간이 역사를 열기 시작하면서 가장 먼저 익혔던 기술과 과학 가운데 하나로서 농사법을 논의하는 것은 전혀 이상할 것이 없다. 농사란 생존에 가장 필요한 지식이기 때문이다. 먹는 것이 곧 하늘이었던 백성들에게는 농사가 가장 중요하였고 원초적인 기술의 진보는 바로 이러한 이름없는 농부들 손으로 이루어졌던 것이다.

☞ **다 함께 생각해 봅시다**

전기 밥솥을 사용하여 밥을 짓는 현대에 '가마솥의 누룽지'는 옛날의 추억이나 과거를 상징하는 의미밖에 지니지 못하게 되었다. '가마솥' 이전에 청동기 시대인들은 쌀을 어떤 조리기구로 요리했으며 어떤 형태의 쌀밥을 먹었을까, 한번 생각해 보자.

# 쇠 부리는 왕자

## 석탈해(石脫解)

　청동기에 이어 기원 전 4세기경부터 철기가 쓰여지기 시작했다. 특히 철제 농기구의 사용으로 농업이 발달하여 경제 기반이 확대되었다. 철제무기와 도구의 사용으로 인하여 종래 사용해 오던 청동기는 의기(儀器)화하였다. 철기의 사용과 함께 중국 화폐인 명도전 등이 사용되어 당시의 활발한 교역관계를 보여준다. (중략) 경제력이나 정치권력에서 우세한 부족들은 스스로 하늘의 자손이라고 믿는 선민사상을 가지고 주변의 보다 약한 부족을 통합하거나 정복하고 공납을 요구하였다. 청동이나 철로 된 금속제 무기의 사용으로 정복활동이 활발해졌고, 이를 계기로 지배자와 피지배자의 분화는 더욱 심화되었다. 그리하여 평등사회는 계급사회로 바뀌어져 갔고, 권력과 경제력을 가진 지배자가 나타났는데, 이 지배자를 군장이라고 한다.

## 쇠의 등장

고대인들은 돌이나 맨주먹을, 이후에는 돌을 갈아서 날카롭게 만든 돌칼이나 돌도끼 등을 무기로 사용하였다. 그런 이들 앞에 어느날 누군가가 번쩍번쩍 빛나는 청동검이나 철제창을 가지고 쳐들어왔다면? 그야말로 화살과 총의 대결만큼이나 황당했을 것이다. 돌칼을 사용하는 사람들이 금속제 무기로 무장한 세력에게 대항하는 것은 역부족일 수밖에 없다.

고대에는 금속제 무기 특히 철제 무기를 사용하는 것이 지배자로서 갖추어야 되는 중요한 요건이었다. 따라서 철을 녹이고 부릴 수 있었던 제철 기술자들은 고려 시대나 조선 시대의 대장장이가 아닌 왕후장상의 지위를 누렸다.

적철광이나 황철광 같은 광석의 형태로 자연에 존재하는 철은 청동보다 훨씬 단단해서 무기나 도구를 만드는 데 더 적합했다. 철이 처음에 어떻게 해서 인간에게 알려졌는지에 대해서는 아직 정확히 밝혀진 바가 없다. 다만 철광석이나 철성분이 들어 있는 구리, 주석, 납 등의 광물이 모닥불에 녹아내려 우연히 발견되었을 것이라고 추측할 뿐이다.

그러나 철이 융해되는 데는 700~1,000℃ 정도의 고온이 필요하기 때문에 이러한 추측에도 무리는 있다. 하지만 고대부터 토기를 만드는 데 상당히 높은 온도를 낼 수 있었다는 것을 감안한다면 철을 녹일 수 있을 정도의 고온을 만드는 것 역시 가능했을지도 모를 일이다.

다음의 석탈해 신화에도 석탈해가 숯을 가지고 다녔다는 대목이 있는데, 이는 고온을 얻기 위해서였던 것으로 보인다. 이외에도 숯의 탄소 성분은 철의 탄소 함유량을 조절하는 데 이용되기도 했다. 중국에서는 철에 인산을 포함시키면 원래 융해온도보다 200~300도

대장간에서 철을 제련하는 모습

낮은 온도에서 녹일 수 있음을 경험적으로 알고 있기도 했다.

철기를 제작하는 방법에는 단조(forging iron)와 주조(casting iron)의 두 가지가 있다. 단조는 철을 반용융 상태로 달구어 두드리면서 불순물을 제거하고 강하게 만드는 방법으로 용광로, 풀무, 망치, 집게, 모루 등의 장비가 필요하다. 한편 주조는 선철을 녹여 틀〔거푸집〕에 부어 제품을 만드는 방법인데 청동기의 제작 방법과도 유사하다.

## 쇠 부리는 왕자

우리 나라 최초의 건국설화는 곰과 호랑이가 마늘과 쑥을 먹으면서 인간이 되기를 빌었던 단군 신화다. 단군에 의해 건국되고 청동기 문명을 가졌던 고조선은 철기 문화를 가진 중국의 한나라에 의하여 멸망했고 이후 새로운 철기 문화를 가진 주인공들이 이땅에 등장하였다. 그들은 후일 고구려를 비롯, 여러 고대 국가들의 건국 주체가 되었다. 이렇게 삼국의 건국과 관련한 세력들은 청동기보다 강한 철기를 사용하고 만들 줄 아는 사람들이었다.

우리 역사를 살찌우는 설화 가운데에는 철기 문화의 사용과 그 위력을 보여주는 것들이 있다. 예를 들면 신라의 건국설화로 박혁거세, 김알지 그리고 석탈해의 3성(姓)에 대한 신화들이 그렇다. 그 가운데 특히 석탈해 이야기는, 한반도에 철기 문화가 도입된 이후 그 영향이 경주를 포함한 경상도 일원에까지 미쳤던 사실을 반영한 것으로 보인다.

철기 문화를 가지고 이주해 왔던 유이민들은 원주민과 상호 결합하거나 정복하면서 정착해 나가고 그 과정에서 초기국가 형태를 갖추어 나갔다.

철기 문명을 가진 유이민 중 하나인 석탈해에 관한 설화는 그가 어떻게 토착인들을 정복하고 지배해 나갔는지를 잘 보여준다.

고려 시대 일연이 저술한 『삼국유사』는 우리 나라 고대의 재미있는 설화와 역사 사실들을 풍부하게 싣고 있는 역사서이자 이야기책이다.

『삼국유사』는 여러 장으로 구성되어 있는데 '이상한 이야기'라는 제목의 첫번째 이야기가 바로 탈해왕의 전설이다. 이 이야기에는 고대에 가장 빠른 이동수단이었던 배를 이용한 철기 문화인들의 이동과 정착 과정이 상세하게 묘사되어 있다. 『삼국유사』의 분위기도 볼 겸해서 본문을 읽어 보자.

### 이상한 이야기 1편 : 탈해 이사금의 이야기

　남해왕 때 가락국 바다 가운데 웬 배 한 척이 저 멀리로부터 두둥실 떠와서는 육지에 머문 일이 생겼다. 그 나라의 임금인 수로왕은 신하, 백성들과 함께 북을 울리면서 나아가 맞이하고 정중하게 머물도록 하였다. 그러나 갑자기 배는 나는 듯이 바다로 항로를 돌려 달아나 버렸다. 왕은 멍하니 그 광경을 바라보고만 있었다.
　배는 다시 바다를 떠다니다가 계림 동쪽 하서지촌 아진포라는 곳에 닿았다. 이때 갯가에는 아진의선이라 하는 노파가 있었는데 바로 혁거세왕의 배를 모는 뱃군의 어머니였다. 그녀는 허리를 펴서 출렁거리는 푸른 물결을 바라보다가 혼잣말로 중얼거렸다.
　'이 바다에는 원래 바윗돌이 없는데 웬 거뭇한 바위 같은 것이 바다 한가운데 있는 것일까? 또 무슨 까닭으로 까치들이 저 섬 위에 몰려와서 우짖는고' 하고는 배를 저어 까치들이 노는 곳을 찾아가 보았다. '바위가 아니로구나.' 노파는 자기가 보았던 것이 커다란 배이고 그 위에서 까치들이 우짖는 것임을 알고는 흠칫 놀랐다.
　'배 안에 무엇이 있을까?' 용기를 내서 배 안으로 들어가 보니 배 가운데 궤짝이 하나 있는데 길이가 20척이요 넓이가 13척이었다.
　궤짝을 열어 본 노파는 놀라지 않을 수 없었다. 그 안에는 단정하고 이쁘장하게 생긴 사내아이가 들어 있었던 것이다. 그리고 가지가지 보물과 노비들이 가득 실려 있었다. 노파는 어린아이를 7일간 정성스레 보살펴 주었다.
　7일 후에 사내아이는, "나는 본래 용성국 사람이오, 우리 나라에서는 일찍이 28용왕이 있어 왕위를 계승하였소. 나의 부왕인 함달파라는 임금이 적녀국의 왕녀에게 장가를 들어 왕비를 삼았는데 오랫동안 자식이 없어서 아들 낳기를 빌었소. 그러다가 7년 후에 커다란 알을 한 개 낳았소. 사람이 알을 낳자 부왕은 여러 신하들을 모아서 묻기를 '사람으로서 알을 낳는다는 일은 고금에 없는 일이니 아마도 좋은 일이 아닌가 보오' 하고 궤짝을 만들어 나를 넣고 여러 가지 보물과 노비를 배에 싣고는 바다에 띄웠소. 띄우면서 빌기를 '인연 닿는 곳에 네 마음대로 가서 나라를 세우고 가문을 만들라' 하였소. 때마침 붉은 용이 있어 배를 호위하여 여기까지 왔소" 하는 것이었다.

　말을 마치자 그 사내아이는 지팡이를 끌면서 두 종을 데리고 토함산 위에 올라가서 돌무덤을 만들고 7일 동안 머물렀다. 그는 성안에 살 만한 땅을 찾다가 초승달처럼 생긴 산봉우리가 있음을 보았다. 그 지세가 오래 살 만한 자리라고 생각하고 알아보니 그곳은 호공의 집이었다. 그는 곧 꾀를 내어 남몰래 그 집 옆에 숫돌과 숯을 묻고는 이튿날 아침에 그 집 문앞에 와서 말하기를,

　'이 집은 우리 할아버지 때의 집이다.'

하니 호공은 그렇지 않다고 하여 서로 시비를 따지다가 결판을 못 내고 마침내 관가에 고발하였다. 관리가 말하기를,

　'무슨 증거가 있어서 이것을 너희집이라고 하느냐?'

하니 그 아이가 대답하기를,

　'우리집은 본래 대장장이인데 잠시 이웃 지방으로 나간 동안에 다른 사람이 빼앗아 여기 살았습니다. 땅을 파서 사실을 밝혀 주소서.'

하여 그 말대로 땅을 파보니 과연 숫돌과 숯이 나왔다. 이렇게 해서 석탈해는 호공의 집을 빼앗아 자기집으로 하였다.

　남해왕은 탈해가 지혜 있는 사람인 줄을 알고 맏공주로써 아내를 삼게 하니 이가 바로 아니부인이었다.

위의 이야기는 단순히 탈해가 바다에서 와서 호공의 집을 빼앗아 왕위에 올랐다는 사실을 알려주는 데 그치는 것은 아니다. 그가 숫돌과 숯을 가진 대장장이라는 사실은 철기 문명을 가진 이주민을 상징하는 것으로 해석된다. 그리고 토함산에 올라가 살 만한 곳을 찾았다는 대목은 군사적 요충지를 점령하려 했던 이주 세력의 입장을 잘 드러내 준다 할 것이다. 결국 호공이라는 기존 토착세력은 이주세력인 탈해에게 자신의 집과 땅을 빼앗기고 말았다. 이처럼 당시 새로운 철기 제련기술을 가진 집단과 그 중 가장 중요한 제철 기술자들은 부족의 우두머리로서 활약할 수 있었던 것이다.

## 쇠 부리는 기술자

우리는 일반적으로 제철 기술자가 미천한 계층에 속했으리라고 생각하는 경향이 있다. 사농공상(士農工商)으로 표방됐던 유교적 이념의 영향 때문이다. 석탈해의 이야기가 제철 기술자들이 부족의 우두머리로 활약할 수 있었던 시대를 반영하는 것이라면 그 후에는 어떠했을까. 신라 시대의 제철 기술자는 어느 정도의 신분적 지위를 누렸을까.

『삼국사기』「강수」전은 신라 시대 제철 기술자의 지위를 보여주는 기록이다. 신라의 유명한 문장가였던 강수는 어느 날 기술자들이 사는 마을[부곡]을 지나다가 쇠 부리는 사람의 딸을 보고는 사랑에 빠지게 되었다. 그녀와 결혼하려고 마음먹고 아버지에게 이 사실을 말하였으나 강수의 아버지는 '미천한 자로 짝을 삼는다면 수치스러운 일이다'며 만류하였다.

이러한 『삼국사기』의 기록으로만 보면 당시 제철 기술자들의 신

김홍도 풍속화 〈대장간 그림〉

분적 지위는 낮았던 것으로 보인다.

그러나 『삼국사기』를 저술하였던 김부식 등 고려 시대 유학자들의 생각을 조금만 고려해도 사실을 좀더 다른 각도에서 파악할 수 있지 않을까? 『삼국사기』의 저자들은 유교적 이념에 철저하고자 했던 유학자들이었고 강수와 그의 아버지의 대화는 이들에 의해 유교적 도덕 관념이 개입된 것이다.

그리고 고려 시대에는 이미 향, 소, 부곡 등 수공업 관계의 천민집단이 형성되어 있었다. 따라서 이 같은 고려 시대의 상황만을 생각한 김부식 등의 서술은 강수가 살았던 신라 시대 상황을 사실적으로 반영하지 못한 것으로 보인다. 도리어 강수 정도의 신분과 지위 그리고 학식을 가진 사람이 야철장의 딸을 부인으로 맞아들이려 했다는 사실, 또 이를 아버지와 함께 의논할 수 있었다는 점을 생각한다면 신라 시대 제철 기술자 집단의 지위가 고려 시대나 조선 시대와는 달랐음을 알 수 있다.

　석탈해와 신라의 야장(冶匠)이 어떤 방법으로 철을 제련했는지는 모른다. 그러나 숯을 사용했던 점으로 미루어 일반 나무를 태워서 얻는 온도에 비하여 훨씬 높은 온도를 효과적으로 냈을 것은 능히 짐작할 수가 있다.

　한국의 철기 시대를 여는 중요한 과학 기술자인 석탈해와 강수의 일화는 재미 이상의 역사적 사실로서 우리에게 읽혀질 수 있는 것이다.

### ☞ 다 함께 생각해 봅시다

　오늘날에도 중요한 기술이나 과학지식은 세계를 지배할 수 있는 기반이 된다. 원자탄이나 화학무기가 대표적인 예이다. 이처럼 과학 기술은 중요한 의미를 지니고 있다. 철기 시대에 제철 기술자들이 중요했던 이유를 잘 생각해 보자. 또 어떤 물건들이 철로 만들어졌을까도 생각해 보자. 그리고 그 물건들이 이전의 청동 제품보다 유리한 점은 무엇인지 알아 보자.

# 음악의 하모니는
# 곧 하늘의 도(道)이니라

우륵

삼국이 국가 조직을 정비하여 발전해가는 시기에, 낙동강 하류 유역의 변한 지역에서는 별도의 독립적 세력이 성장하고 있었다. 2, 3세기경, 이들 지역에서는 김해의 금관가야를 주축으로 하는 연맹체가 형성되었다. (중략) 5세기 이후, 가야는 전쟁의 피해를 받지 않은 고령 지방의 대가야로 그 중심이 이동되면서 연방의 세력권이 다시 편성되었다. 그러나 끝내 삼국과 같은 중앙집권 국가로서의 정치적 발전을 이룩하지는 못하였다. 이 때문에 백제, 신라 등 주변 여러 나라의 압력을 받으면서 불안한 정치 상황이 지속되었고, 마침내 신라에 통합되었다.

『악학궤범』에 실린 가야금

## 음악은 하모니다

보통 음악은 예술의 한 분야로만 생각되지 과학과 관련해서 생각하는 사람은 그리 많지 않다. 그러나 사실 음악은 고대부터 각각의 음향과 음도간의 신비로움 때문에 많은 사람들이 그 속에서 규칙성을 찾아내려고 노력했던 분야이다.

'음악'이라는 용어는 동서양을 막론하고 오랜 역사를 통해 다양한 이름으로 불리웠다. 고대 이집트에서는 종교음악과 세속의 음악을 모두 '히(hy)'라고 불렀는데 이 말은 본디 즐거움을 뜻하였다. 또한 오늘날 사용하는 '뮤직(music)'의 어원인 고대 그리스의 '무시케(mousike)'는 음악 예술과 시(詩) 예술 및 학문까지 두루 포괄하는 것이었다가 후대로 가면서 음악만을 지칭하는 용어로 변천하였다고 한다. 중국에서는 '악(樂)'이라는 용어가 음악의 일반적인 의미로 널리 사용되었고 『악경(樂經)』은 유학의 경전으로 취급되었다.

고대 중국에서는 악기를 만드는 데 기장 쌀알의 갯수를 세어서 그

길이로 피리의 표준을 삼는 등 엄격한 수의 비율을 적용했다. 그 이유는 무엇일까. 먼저 서양의 음악과 관련한 피타고라스 학파의 이야기를 하자면, 그들은 수의 일정한 비례와 그 속의 신비함에 매료되었던 종교 집단이었다. 그들은 수야말로 세상의 척도이자 시작이라고 하면서 추상적인 수를 가장 구체적으로 표현한 것이 음악이라고 생각했다. 음악의 음계들이 가지고 있는 음향학적 비례가 그들의 신비로움에 꼭 맞아떨어졌던 것이다.

중국과 같은 동양에서도 음악의 선율과 거기서 표현되는 음향의 비례가 정확히 하늘의 도를 모사하는 장치로 인식, 중요시되었다. 따라서 하늘의 법도를 구현하려고 했던 유교에서는 음악을 중요시하였고, 그것을 '경(經)'의 수준으로까지 고양시켰던 것이다.

음악이 세상에 처음 등장하였을 때에는 즐거움의 흥얼거림이나 소리 같은 즉흥적인 것에 불과했을 것이다. 그러나 점차 시간이 흐르면서 사람들은 거기에 담긴 여러 가지 현상과 의미를 보강시키고 또 담아보려고 했다.

그러면 우리 나라에서는 언제부터 음악이 시작되었을까? 그 '기원'은 한반도에 인간이 살기 시작하면서부터로 보는 것이 합당할 것이다. 다만 우리가 관심을 갖는 것은 본격적인 체계를 갖춘 음악이다. 이미 삼국 시대에 중국의 현악기들이 수입되고 자국의 음악에 유리하도록 고쳐졌다는 사실에서 고대 국가의 형성과 나란히 음악의 제도가 성립하였음을 알 수 있다. 특히 삼국의 음악은 당시 후진국이었던 일본에 건너가 '삼국악'이라는 이름으로 연주되었다 한다. 국가의 행사시에 외국의 연주가들이 초청되었던 모양이다.

악성 우륵의 초상화 (화가 이종상 그림)

## 우륵과 가야금

삼국 시대의 대표적인 악기로는 고구려의 거문고와 우륵의 가야금을 들 수 있다.

앞에서도 언급했듯이 동양에서 음악과 악기는 하늘의 도를 구현하는 가장 중요한 수단이었다. 우륵은 가야의 음악인으로 가야금을 통하여 동양 음악이 추구했던 음악의 도(道)와 그 수학적 엄밀성의 조화를 보여주려고 노력한 인물이다. 특히 음악의 하모니는 각 부족의 조화와 정치적 단결을 시도하려는 국가 형성시기에 중요한 역할을 하였다.

가야금에 관한 『삼국사기』의 설명은 다음과 같다.

　가야금은 중국의 쟁이라는 악기를 본받아 만든 것으로, 줄을 높이 뜯어 소리가 쟁쟁하다. 가야금의 위가 둥근 것은 하늘을, 가운데가 빈 것은 세계의 공허함을, 줄기둥은 12월을 본뜬 것이다.

이처럼 가야금은 애초부터 우주의 원리를 구현한 악기였다.

　가야국의 가실왕이 당나라의 악기를 보고 가야금을 만들었는데 왕은 '여러 나라 방언이 각각 다르니 그 음악이 어찌 동일할 수 있겠는가?'고 하고 우륵에게 명하여 12곡을 지었다. 뒤에 우륵은 나라가 어지럽자 신라 진흥왕에 투항하였다. 진흥왕은 그를 살려두고는 만덕 등을 파견하여 그 기술을 전수하게 하였다. 이들은 그의 11곡을 전수하였는데 서로 말하기를 '음란하여 아담하지 못한 데가 있다'고 하면서 5곡으로 정리하였다. 우륵은 처음 이 소식을 듣고는 노하였으나 마침내 '즐거우면서도 어지럽지 아니하고 애련하면서도 슬프지 아니하니 가히 바른 음악이라고 말할 것이다' 하고 그 곡을 임금님 앞에서 연주하였다. 왕은 이를 듣고 매우 기뻐하였다. (『삼국사기』)

　위의 『삼국사기』 기록을 통해서 우륵은 가야의 음악인이었는데 나라의 혼란스러움을 보고 진흥왕에게 투항했음을 알 수 있다.
　고대에는 음악이 단순히 즐겁기 위해서 연주되는 오늘날과 달리 도(道)를 담는 역할을 했고 나아가 정치의 주요한 보조역할도 하였다.
　우륵은 가야에 있을 때 가실왕으로부터 12편의 가야금 작곡을 명령받았는데 그 이름은 다음과 같다. 먼저 1곡 하가라도(下加羅都),

2곡 상가라도(上加羅都), 3곡 보기(寶伎), 4곡 달사(達巳), 5곡 사물(思勿), 6곡 물혜(勿慧), 7곡 하기물(下奇物), 8곡 사자기(師子伎), 9곡 거열(居烈), 10곡 사팔혜(沙八兮), 11곡 이사(爾赦), 12곡 상기물(上奇物)이었다.

이 중 보기와 사자기는 일종의 음악형태를 설명하는 것으로 보인다. 즉 보기는 중국 산악(散樂) 중의 농환희(弄丸戲), 백제의 농주지희(弄珠之戲), 신라의 금환(金丸) 및 왜의 품옥(品玉)과 동일한 놀이로 공을 가지고 노는 곡예에 사용되었던 음악이다. 사자기는 신라의 사자 비슷한 가면을 쓰고 노는 사자춤의 형태에 쓰인 음악이라고 보여진다.

나머지 곡명(曲名)은 대부분 가야 지방의 명칭임이 증명되고 있다. 물론 정확한 지명에 약간의 이론(異論)이 있기는 하지만—가령 하가라도를 고령으로 비정하거나 또는 김해 함안 등의 다른 지역으로 고증하기도 한다—대체로 경상도 지역의 지명을 나타낸 것으로 보면 무리가 없다.

### 음악과 정치

우륵의 12곡은 가야연맹에 소속된 여러 나라들의 전통 음악들과 함께 몇 가지의 기악으로 구성되어 있다. 이를 우륵이 가실왕의 명령을 받아 가야금의 곡으로 편곡한 것으로 보여지는데 그의 임무는 무엇이었을까.

아마 우륵은 대가야를 중심으로 한 가야연맹의 궁정 음악인이었을 것이다. 그 동안 가야연맹을 추진하였던 가실왕은 어느 정도 연맹의 모습이 완성되자 우륵과 같은 음악인을 초청, 자신의 위업과 가야연맹에 참여하고 있는 제국의 충성과 화합을 강조하기 위해 가야금곡의 작곡을 명하였던 것이다. 가야금 소리의 조화와 율조는 가야연맹의 조화와 통일성 그리고 대가야의 맹주로서의 존재를 더욱 확고히 하는 것이었다.

당시가 대가야를 중심으로 하는 가야연맹의 형성기였던 것을 생각할 때, 각 지역의 특색과 전체적인 조화를 노래한 우륵의 작곡들은 분명 '가야연맹 교향곡'이었다. 특히 우주 만물을 상징하는 12라는 의미 있는 숫자로 구성된 가야금과 12곡의 노래들은 가야국 형성을 축하하는 화합의 축가였다. '각 지역의 성음이 다르지만 동일한 음악을 추구하였다'는 이유도 바로 각 부족의 연맹화를 추진하는 가실왕의 깊은 뜻이 담겨 있는 것이었다. 동시에 연맹의 통합은 가야금에 의해 표현된 우주의 당연한 도리요 질서라고 생각되었던 것이다.

그러나 우륵은 가야가 멸망하기 이전인 551년에 신라의 진흥왕에게 투항하고 만다. 가야의 존재가 점차 불투명해진 것을 탁월한 감각으로 미리 예견이라도 한 것처럼 신라로 망명을 한 것이다. 진흥왕은 그를 국원(國原), 곧 지금의 충주에 머물도록 하고 사람들을 보내어 그의 음악을 배우게 하였다. 진흥왕 역시 음악이 가지는 중요한 효과를 알고 있었다. 우륵은 이미 훌륭한 '가야금을 위한 가야 교향곡'을 12곡씩이나 작곡했던 인물이었기 때문에 그 중요성은 말할 필요가 없었다.

우륵은 자신의 12곡이 신라에서 다른 6곡의 형식으로 재편곡되었음에도 불구하고 옛 영화의 추억만을 안은 채 이 사실을 받아들이고 있다. 음악으로써 가야연맹의 조화와 통일에 기여하였던 우륵의 12곡은 이렇게 운명을 다하였던 것이다.

'음악에 도(道)를 실을 수 있다'는 동양의 생각은 우륵의 가야금과 12곡에 대한 전설과 같은 이야기를 남기고 있지만 우리는 거기에서 가야금을 만들고 또 악곡을 작곡한 가야의 음악인, 우륵의 비애를 읽을 수 있다.

### ☞ 다 함께 생각해 봅시다

    오늘날 우리가 접하는 음악의 종류는 우선 동서양의 음악으로 구분된 후에 다시 서양의 고전음악과 현대음악, 그리고 우리 전통의 국악과 오늘날의 대중가요 등으로 구분될 수 있다. 오늘날에 와서는 음악의 기능적 측면이 흥취를 돋우는 데로 많이 기울어진 것 같다. 그러나 고대 음악은 이외에도 다양한 의미를 지니고 있었다. 그것은 제사와 함께 사용된 엄숙한 제례 음악이기도 하였으며 또 단순한 흥미의 음악이기도 하였다. 고대 이후에 음악의 사회적 역할이 어떻게 변해왔을까를 생각해 보자.

# 승의(僧醫)
## 충담사와 찬기파랑가

> 삼국 시대에는 한학이 널리 보급되면서 역학, 의학 등 과학 연구도 활발하였고 공예, 건축 등 기술 부문에서도 상당한 발달을 보였다. (중략) 통일신라의 학술은 일반적인 한학은 물론 기술분야인 의학, 병학, 역학, 산학, 율학 등을 포함함으로써 그 범위가 사회생활을 실제로 이끌어 갈 정도로 크게 넓어졌다.

## 아픔의 치유

옛날 사람들은 몸이 아프거나 병에 걸렸을 때, 어디서 어떻게 치료를 받았을까? 그리고 질병에 대해 어떤 인식을 가지고 있었을까? 사실 환자가 '어디어디가 아프다'라고 호소하였을 때 '아픔'의 상태는 상당히 여러 차원으로 해석이 가능하다. 아픔을 기계적이고 물리적인 경로로 해석하는 오늘날에도 마음의 아픔과 육체의 아픔은 구별되고 있다.

고대인들은 어쨌든 편치 않은 상태는 그것이 심리적이건 물리적이건 모두 '아픔'으로 표현했다. 따라서 아픔의 원인도 오늘날같이 단순히 병리학적 차원으로 환원되는 문제가 아니었다. 아픔은 아픔을 느끼는 환자를 둘러싼 가족과 마을 공동체, 나아가 사회 차원의 문제이기도 했으며, 환자가 누구이냐에 따라 정치적이면서 국가적인 문제이기도 하였다. 심지어 우주, 삼라만상 모두와 관련 있는 것으로 해석되기도 했다.

중국에서는 일찍이 한자를 생각과 사물을 반영하는 심벌로 사용하였다. 고대 한자에서는 '질(疾)'과 '병(病)'을 구분하여 '질'은 화살[矢]로 인한 외상의 아픔을, '병'은 내부[內]의 아픔을 상징하였다. 이렇게 신체 내부의 아픈 상태와 신체 외부 즉 외상은 구분되었지만 여전히 심적 아픔과 장기 내부의 아픔이 크게 구별되지는 않았다.

고대에는 아픔의 원인이 주로 외부에서 찾아졌다. 귀신이 침입하였다든지, 사회가 혼란하다든지, 집안이 편치 못하다든지 하는 외부 환경이 모두 인간생활과 인간에 영향을 미친다는 관념을 가지고 있었던 탓이다.

따라서 의사의 역할은 외부의 사악한 기운을 몰아내는 것이었다. 때문에 그는 심리 치료사인가 하면, 약으로 치료하는 의사이기도 했고, 남의 아픔을 자신이 맡아 싸워 해소하는 카운셀러이기도 했다.

심지어는 정치가이기도 했다. 고대의 의사를 표시하는 '의(毉)'라는 단어는 매우 재미있는 형상을 가지고 있다. 즉 무당[巫]이 화살 갑 속의 화살[矢]을 들거나 창[戈]을 잡고 악귀를 쫓아내는 모습을 재현한 것이다.

우리 나라의 고대에도 이 같은 생각은 크게 다를 것이 없었다. 제정이 분리되지 않은 상태에서 무당들의 주된 임무는 악귀를 쫓는 것이었고 정치적으로 나쁜 일도 같은 원리로 치료하였다.

그러나 점차 정치조직의 단위가 커지면서 부족이 부족연맹으로 나아가 국가로 발전하자 정치행위 역시 점점 복잡해졌다. 이제는 무당들에게 정치를 맡기기는 어려워진 것이다. 제정(祭政)이 분리되기 시작했다. 부족들은 서로간의 연맹 단계를 거치면서 점차 국가로 성장하였고, 정치이념으로 불교나 유교 등 선진 사상을 수입하였다.

불교는 고대 국가의 형성기에 도입됨으로써 부족단계의 사상을 넘어 국가적 이념으로서 기능하게 되었다. 동시에 이전에는 무당들이 담당했던 질병 치료를 불교 승려들이 담당했다. 불교의 원산지인 인도가 자랑하는 외과 및 내과 지식들이 중국을 거쳐 수입, 승려 의사들에게 전해졌고 무당들의 기원(祈願)과 귀신 쫓기 등의 치료방법도 같이 사용되었다. 이러한 현상은 신라에서도 마찬가지였다.

### 승려 의사의 역할

신라에서 화랑은 특별한 의미를 지닌 집단이었다. 화랑은 진골귀족 가운데서 선출된 화랑 한 명과 승려 약간 명 그리고 수백 명의 낭도로 구성되어 있다. 이들은 서로 단체생활을 하면서 도의(道義)를 닦고 무술을 연마했다.

이 집단에서 승려 낭도의 역할은 화랑을 보좌하고 지도하는 것이었다. 즉 청소년 조직이 본래 샤머니즘의 종교적 비밀단체와 같은 성격의 일면을 띠고 있었던 것을 계승, 고양시켜 부족단위의 범주를 넘는 불교의 보편적인 정신세계와 왕에 대한 충성심을 함양시키는 것이 이들의 할 일이었다. 굳이 최치원의 말을 빌지 않아도, 화랑의 사상적 경향은 유·불·선 삼교를 넘나들었다.

여기서 살피려고 하는 기파랑도 불교 승려 중 한 사람이었다. 우리들이 기파랑이라는 인물에 대해 알고 있는 것은 충담이 지은 〈찬기파랑가〉의 주인공이고 화랑이었다는 정도이다. 충담사와 경덕왕(景德王)과의 만남을 소재로 한 『삼국유사(三國遺事)』의 일화를 소개하면 다음과 같다.

경덕왕(景德王)은 주위를 둘러보며 말하기를 "누가 길에 나가 훌륭한 중 한 명을 데려올 수 없을까?" 하였다. (…) 이때 중 한 명이 누비 옷에 벚나무로 만든 삼태기를 지고 남쪽으로부터 오고 있었다. 왕이 그를 맞아들여 통 속을 들여다보니 차를 다리는 도구가 들어 있을 뿐이었다. 왕이 "당신은 도대체 누구인가?" 하고 물으니 중이 대답하기를 "충담(忠談)이올시다. 남산 삼화령에 있는 미륵 세존님께 차를 올리고 막 돌아오는 길입니다." 하였다. 왕이 말하기를 "나도 차 한 잔을 얻어먹을 인연이 있는가?" 했더니 중은 곧 차를 다려 바치는데 차맛이 희한하고 찻잔 속에서 이상한 향기가 코를 찌를 듯하였다. (고대에 차(茶)는 곧 약(藥)을 의미하였다. 따라서 다방(茶房)은 약방(藥房)의 역할도 하였다.)

위 기록에서도 충담은 약을 다려 미륵에게 바치던 인물이었고, 그가 찬양한 기파랑 역시 비슷한 인물이었을 가능성이 있다. 사실 기파랑은 인도의 외과 의사였던 지바카(Jivaka)를 음차 표기한 것이다.

## 기파랑의 활동

그럼 이제 고대 인도로 역사의 현장을 옮겨 석가모니의 담당 의사였던 기파의 활동에 대해 알아 보자. 기원 전 5세기경에 살았던 인도의 명의 기파는 불경에 의하면 마가다국의 빔비사라(Bimbisara)왕과 천한 여자 사이에서 태어났다고 한다. 인도에서는 부모가 어찌되었건 천한 여인의 몸에서 태어난 아이는 버리는 것이 습속이었다. 때문에 기파 역시 태어나자마자 길가에 버려지게 되었는데 다행히도 무외(無畏)라는 사람이 그를 주워다 길러 주었다. 그는 태어날 때부터 손에 침약낭(鍼藥囊: 침이나 약을 넣는 주머니를 말함)을 들고 있었다고 전해질 만큼 의학과 밀접하였다. 이후 핑갈라(Pingala)를 스승으로 의술을 배운 기파는 뛰어난 의술을 베풀면서 명성을 떨치게 되었다.

불경에는 그의 활동에 대한 많은 이야기들이 적혀 있다. 대표적인 것만 들어보아도, 12년에 걸친 만성두통을 코를 씻어 치료하였다든가, 빔비사라왕의 치질을 수술했다거나, 왕사성(城)에서 두개골 절개수술을 한 것, 구섬미국 왕자의 복부 절개수술 등 이루 헤아릴 수 없을 정도이다. 또 그는 소아과 의사로도 유명했는데 그의 이름인 지바카 코마아 랴뷰르타(J. Komarabhrtya)는 '소아를 돌보는 자'라는 의미가 있기도 하다.

두개골을 절단한다거나 복부를 절개하는 등의 수술은 모두 외과적 기법을 필요로 하는 것이다. 기파의 치료술은 대부분이 외과 수술로 고대 인도 의학이 도달하였던 외과 의학의 성과를 바탕으로 한 것이었다. 인도의 전통 의학인 아유르베다(Ayur-Veda)에는 내과 의서인 『차라카(Charka) 본집』과 『슈슈르타(Susruta) 본집』이라는 외과 의서가 있다.

인도 의학의 가장 위대한 발견은, 이른바 몸 안의 '이물질'을 개복 또는 절개하여 제거하는 수술이었다. 이런 수술이 가능했다는 것은 당시 외과적 수술기법이 대단히 발달했음을, 또 동시에 내과 의학도 상당한 수준이었음을 말해준다. 이렇게 발달한 인도의 의학 기술은 해로(海路)를 통해 중국과 한반도에 전파되었다.

그렇다면 과연 신라의 기파랑도 인도의 기파랑처럼 의사였던 것이 확실할까?

물론 이 질문에 대한 (어느 쪽이든) 정확한 답변은 불가능하다. 다만 당시 신라의 의학에는 전통의 치료법, 중국의 치료법, 불교와 같이 수입된 인도 의학의 영향 등이 섞여 있었고 이런 상황에서 인도의 명의 기파와 동일한 이름을 사용한 신라의 기파랑이 의학과 무관한 인물은 아니었을 거라는 추측만이 가능하다. 또 당시 의학지식을 가장 잘 흡수, 체득하고 있었던 계층은 유·불·도를 포괄하는 승려 낭도 즉 법사(法師)들이었을 거라는 점도 이러한 추측을 뒷받침해 준다.

현재는 신라 시대 의서가 한 권도 남아 있지 않기 때문에 당시 의학의 내용을 정확히 파악할 수는 없다. 현존하는 신라 시대 의학관계 자료를 엿볼 수 있게 해주는 자료로는 일본의 한 의학자가 984년에 펴낸 『의심방(醫心方)』이 있을 뿐이다. 『의심방』에는 신라법사방(新羅法師方)이라는 몇 개의 처방이 실려 있는데 이를 통해 승려 낭도의 의학에는 고유의 처방에 더하여 도교 의학 그리고 인도 의학의 영향이 모두 섞여 있었음을 알 수 있다. 여기에서도 기파랑은 치료의 신으로 기원과 기도의 대상이 되었던 것이다. 아픈 자들은 모두 기파랑의 이름을 외우면 낫는다고 믿었던 것이다.

나무동방 약사유리광불 약왕약상 보살 기파 의왕…
(南無東方 藥師琉璃光佛 藥王藥上 菩薩 耆婆 醫王)
―『의심방』의 주문

### ☞ 다 함께 생각해 봅시다

  기본적으로 질병을 치료한다는 점은 같지만 현재 의사의 역할은 예전과 많은 차이가 있다. 예전에는 '아프다'는 의미가 지금과 달랐기 때문에 의사는 정치가이기도 하였으며, 심리학자이기도 하였고, 그야말로 오늘날 의미에서의 의사이기도 하였다. 정치가로서의 역할은 의사를 높은 지위에 이르게 하였으나 치료사로 역할이 변해 가면서 지위도 낮아졌다. 물론 오늘날은 전문가 시대가 도래, 의사라는 직업이 다시 각광을 받게 되었다. 고대 의사의 역할이 그렇게 다양했던 이유에 대해 한번 생각해 보자.

# 중세의 자연관과 인간의 노력

땅도 살아 있다—지리술사 김위제
이이구 추워라, 솜옷 생각나는구나—문익점
매년 농사짓는 법—정초
하늘을 그대로 갖고 싶다—이천과 장영실

# 땅도 살아 있다

## 지리술사 김위제(金謂磾)

풍수지리설은 산세와 수세를 살펴 도읍, 주택, 능묘 등을 선정하는 일종의 상지학(相地學:땅을 관상본다는 뜻)으로서, 명당에 터를 잡으면 길하고 복을 받는다는 것이다. 고려 시대에는 풍수지리설이 크게 성행하여 많은 영향을 끼쳤다. 풍수지리설의 서경 길지(吉地)설은 북진정책의 하나의 이론적 근거가 되었으며, 유교 정치이념의 보수화에 반발하면서 개경 세력과 서경 세력의 정치 싸움에 이용되기도 하였다. 한편 고려 중기에는 북진정책의 퇴색과 아울러 새로 남경(서울) 길지설이 대두하여 고려 말까지 정치적인 영향을 끼쳤다. 또 『도선비기』 등 풍수지리설에 관한 서적들이 유포되었으며, 예종 때에는 풍수지리설을 집대성한 『해동비록』이 편찬되었다.

### 땅도 살아 있다

지리학은 오늘날 인문 사회 과학 가운데서 과학 기술이 가장 활발하게 응용되는 학문이다. 인공위성을 이용한 지리 정보의 수집이나 컴퓨터 시뮬레이션을 이용, 다양한 정보를 하나의 화면에 집약시키는 방법 등은 지리학의 발달이 어디까지 갈 것인가를 가늠하기 어렵게 만들고 있다.

이 같은 현대의 최첨단 지리학도 그 시작은, 자신이 딛고 있는 땅과 바라보고 있는 바다 그리고 산을 인식하고 대상화하려는, 인간의 단순한 지적 호기심에서 출발하였다.

고대인들은 땅을 살아 있는 유기체로 보았다. '땅이 살아 있다'니? 무슨 말일까.

인간은 자신의 주위를 어떻게 이해할 것인가 항상 고민해 왔다. 고대인들도 그들 나름대로 환경을 대상화했고 체계적으로 인식하였다. 먼저 고개를 드니 하늘이 보였으므로 천문현상에 관심을 기울였고, 고개를 숙여 땅이 보이니 그 땅의 이치를 밝히고자 하였다. 그리고 하늘과 땅 사이의 인간 세계에 대하여 연구했으니 이 세 가지가 인간을 둘러싸고 있는 가장 중요한 환경이었다.

고대적 사고의 가장 큰 특징은 모든 것을 살아 있는 것으로 파악했다는 것이다. 이것을 일반적으로는 '물활론적 사고'라 한다. 이러한 사고가 지리학에 적용되어 유기체적 지리관의 모습으로 나타난다. 유기체적 지리관에 의하면 하늘은 하느님이 계시는 장소이자 동시에 인간 세상을 굽어보면서 잘한 일을 칭찬하고 못된 무리를 벌하는 법의 근원이었다. 이러한 생각은 땅에 대해서도 마찬가지였다. 살아 있는 땅의 개념이 그것이다. 살기 좋은 땅, 죽어 있는 땅, 움직이는 땅, 기(氣)가 충만한 땅, 지세가 쇠한 땅 등등의 생각들은 모두가 땅을 살아 있는 것으로 파악하였음을 보여주는 징표들이다.

이러한 유기체적 지리관을 다른 사람들보다 더 깊이 연구한 그룹이 있었으니 이들을 풍수지리가라고 불러도 좋을 것이다. 물론 오늘날에도 묘지를 택하거나 집터를 잡을 때 풍수지리가들을 대동하는 경우가 있다. 그러나 오늘날에는 '풍수지리'라고 하면 집터나 묘지를 잡아주는 사술(邪術) 혹은 미신으로 치부해 버리는 경우가 많다. 때문에 풍수가 단순히 흥미의 대상으로만 여겨지는 경향이 있다.

그러나 고대에는 이와 달랐다. 땅과 대화하고 땅의 기운을 잘 살피면서 땅의 이치를 잘 이용하는 것은 매우 중요한 일이었다. 맹자께서도 지리(地利)가 중요하다고 말씀하셨다. 물론 풍수지리만을 고집한 것은 아니었지만.

### 풍수지리사 김위제

우리 나라의 풍수지리학은 도선에 의해서 크게 발전하고 유행되었다고 해도 과언이 아니다. 우리 나라 최고의 풍수지리 대가였던 도선은 중국에서 최첨단 풍수지리학을 공부하여 신라 말기 혼란을 틈타 자신의 학설을 널리 퍼뜨렸다. 그는 한의학에서 기운이 약한 부위에 뜸이나 침을 놓아 기운을 복돋아 주는 것처럼, 땅의 기운이 약한 곳에 탑을 세워 땅의 기운을 보충해 줄 수 있다고 주장했다. 그야말로 땅을 인간과 같은 살아 있는 유기체로 본 것이다.

고려 시대의 지리학자인 김위제도 이렇게 땅을 살아 있는 유기체로 본 전형적인 풍수지리학자였다. 또 그는 현재까지 대한민국의 수도로 1994년에 정도(定都) 600년을 맞은 서울을 도읍으로 삼자고 체계적으로 주장한 최초의 지리가였다.

풍수지리가라고 하면 잡기(雜技)에 능한 술사(術士) 정도로 치부

되던 고려 시대에 김위제가 정사(正史)인 『고려사』의 한구석에 자리잡고 있다는 사실은 우리의 눈길을 끈다. 비록 천한 대접을 받았을 망정 풍수지리가들만큼 온 국토를 발로 밟고 다니면서 실증적으로 조사하고 기록한 사람들은 없을 것이다.

따라서 풍수지리학은 과학적, 인식론적으로 재검토되어야 할 대상이지 단순히 미신으로 치부해 버릴 것은 아니다. 그들이 주장했던 풍수 선택의 이면에는 오늘날의 지리학적 관점에서 보아도 그럴듯한 부분이 많이 있기 때문이다. 개경을 버리고 서울을 도읍으로 정하자고 한 김위제의 주장이 대표적이다.

### 서울, 서울, 서울

김위제는 고려 숙종대 사람이었다. 태어난 해와 사망한 해는 잘 모르지만 위위승동정(衞尉丞同正)이라는 벼슬을 하였다고 전한다. 김위제는 도선의 주장을 들어 서울 천도를 주장하였는데, 그 내용은 다음과 같다.

서울이 도읍으로 좋다는 것은 내 생각이 아니라 도선스님의 말씀이다. 도선스님이 말씀하기를 '고려의 땅에 수도가 될 만한 땅이 3곳이 있으니, 개경 곧 중경(中京)이요, 서울은 곧 남경(南京)이며, 마지막으로 평양, 서경(西京)이다. 먼저 개경에 도읍을 정하였다가 평양으로 그리고 다시 서울로 도읍을 옮기면 온 세상이 조공을 바칠 것이리라.' 또 말씀하시기를 '개국 후 160여 년이 되는 해에 서울에 도읍을 정하는 것이 좋을 것이다'고 하셨다.

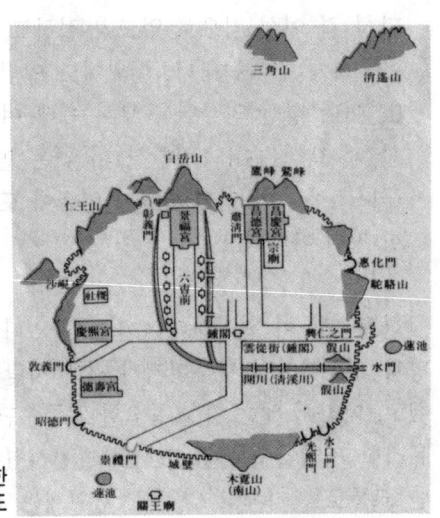

김위제가 주장한
조선시대 오궁의 배치도

이외에도 그는 서울의 중요성을 다음과 같이 들었다. 먼저 지리적으로 국토의 중심이라는 것이다. 국토 이용에 있어 남북의 치우침 없이 중간에 자리하고 있는 서울이 중요시된 것이다.

성인이 오래 전에 국토를 저울에 비유하셨으니, 평양은 저울의 접시에 해당하는 것이요, 개성은 저울대에 해당하는 것이며, 서울이 저울의 균형을 이루어주는 가장 중요한 추에 해당한다.

또 서울을 둘러싸고 있는 삼각산의 산세를 볼 때, 국방의 요지로서 서울만한 곳이 없다고도 주장하였다.

눈을 들고 머리를 돌려 삼각산의 산 모양을 살펴보라. 북방을 등지고 남쪽을 향하여 팔을 벌렸으니 거의 신선의 보금자리이구나. 음양의 꽃이 삼사 겹으로 피어 있으며, 웃통을 벗어 던진 씩씩한 산들이 손에 손을 잡고 명당을 지키는구나. 앞에 알현하는 산이

다섯 겹 여섯 겹으로 엎드려 절하고, 친척 부모 산들이 주위에서 우뚝하게 감싸는구나. 이외에도 안팎으로 개가 각각 세 마리[犬山]이니 항상 임금님을 모시는 데 여념이 없구나. 청산(靑山 : 낙산)과 백산(白山 : 인왕산)이 같은 높이로 솟았으니 정말 훌륭하구나. …… 이 어찌 훌륭한 임금이 도읍을 정하여 성인을 얻을 만한 땅이 아니리요.

한편 교통이 편리하다는 점도 들었다. 오늘날처럼 근대적인 도로망과 교통시설이 갖추어지기 전에 사람들은 바다나 강을 통해 이동했고, 따라서 배는 가장 중요한 교통수단이었다. 따라서 수상 교통에 유리한 지역일수록 큰 도시로 발전하였다. 서울은 한강이라는 엄청난 교통로를 가지고 있었다. 김위제는 서울에 도읍을 정하면, '한강의 물고기와 용들이 전 세계의 바다로 나아갈 것'이라고 하였으며 또 '온 세계의 상인들이 보배를 가지고 서울로 올 것'이라고 하였다.

김위제는 전통적인 풍수지리학의 모습을 잘 보여주는 지리가이다. 인간이 점차 자신의 환경을 인식하는 방법을 발달시키게 되자, 지도와 지리학에 많은 변화와 발전이 나타났다. 그리고 김위제가 굳게 믿었던 풍수지리학의 모델은 민중의 생활과 사고 밑바탕에 깔리면서 오늘날까지도 얼마간 이어져 오고 있는 것이다.

☞ **다 함께 생각해 봅시다**

　오늘날과 같이 심각한 환경파괴로 인간의 삶이 위협을 받고 있는 실정에서는 풍수지리가 진정한 의미로 되살아날 수 있는 부분이 많다고 생각한다. 땅을 살아 있는 유기체로 생각한다면 그만큼 땅과 공기 그리고 환경을 소중히 여기게 될 것이다. 오늘날 환경문제와 함께 되짚어 볼 풍수지리(風水地理)의 의미는 무엇일까 함께 생각해 보자.

# 아이구 추워라,
# 솜옷 생각나는구나

### 문익점(文益漸)

공민왕 때 문익점이 목화씨를 들여옴으로
써 종래의 베, 모시를 주로 사용하던 의생활
에 대혁신을 가져왔다.

## 제2의 피부

옷은 제2의 피부라고 한다. 옷을 입는다는 것은 인간이 동물과 구별되는 특징 중의 하나이기도 하다.

옛날 사람들은 어떤 옷을 입고 살았을까? 다른 동물들과 달리 털이 없는 인간은 추운 날씨를 이기기 위해 무척 고생을 했다. 고대인들은 자신의 생명을 보호하기 위해 풀로 엮은 옷을 입거나 동물의 가죽을 적당히 다듬어 입었다.

우리 나라에서는 의복의 소재로 주로 삼(麻)을 재배했고 마옷 즉 베옷이 서민들의 가장 보편적인 옷이었다. 물론 뽕나무 잎을 먹여 기른 누에에서 실을 뽑아 만든 비단도 있었고 여러 동물의 털가죽을 이용하기도 하였다. 예를 들면 함경도에서는 일제 시대까지 개가죽으로 옷을 만들어 입었다고 한다. 그러나 비단옷이나 동물들의 갖옷(가죽옷)은 그 값이 매우 비쌌기 때문에 일반 서민들은 이용하기가 어려웠다. 따라서 대부분의 사람들은 베옷을 입을 수밖에 없었다.

베는 여름철에는 그 시원한 짜임새로 더위를 식혀주는 데 더할 나위없이 좋은 옷감이다. 하지만 겨울에는 어땠을까? 그 추위는 말로 표현하지 못할 정도였을 것이다. 사람들은 체온을 유지시켜 줄 수 있는 옷감의 재료를 찾아나서야 했다. 그리고 야생에서 자라는 풀솜이라는 식물을 찾아냈다.

그러나 풀솜은 양도 부족했고 만족할 만큼 따뜻하지도 못했다. 본격적으로 재배 가능한 솜 즉 면화가 우리 나라에 도입된 것은 문익점에 의해서였다.

## 문익점과 목화

문익점은 1329년 고려가 원나라의 지배하에 있었던 충숙왕 16년에 태어났다. 그의 본관은 남평(南平)이었고, 태어났을 때의 이름은 문익첨(文益瞻)이었다. 자(字)는 일신(日新), 호는 삼우당(三憂堂)이었다. 1360년(공민왕 9) 31세에 문과에 급제하여 여러 관직을 역임하였고 1363년 사간원 좌정언으로 있으면서 외교관 이공수의 수행원으로 원나라에 갔다. 예전에 외교관들은 외국으로 임무수행을 떠날 때 여러 사람의 수행원을 동반하는 것이 관례였는데 문익점도 그 중의 한 명으로 원나라에 갔던 것이다.

문익점은 이전부터 추위에 떠는 백성들에게 따뜻한 옷을 입혀 줄 수는 없을까 항상 고민하고 있었다. 그러던 중 원에 가게 되었고 문익점으로서는 이 좋은 기회를 그냥 흘려보낼 수 없었다. 일찍부터 중국에는 목면이라는 식물이 있어서 중국인들이 따뜻한 겨울을 보낸다는 이야기를 듣고 있었던 터이기 때문이다.

중국에 체류하던 어느 날 남쪽지방에 가게 된 그는 광활한 남부 평야가 온통 흰색으로 덮여 있는 것을 보았다. 겨울이 아니니 눈일 리는 없고, 문익점은 혹시 이것이 내가 찾던 그 목화가 아닐까 생각하며 흥분된 마음을 가라앉히려고 노력했다. 그러나 뛰는 마음을 누를 수가 없었다. 탐스럽게 피어 있는 목화 솜은 보기만 해도 문익점의 마음을 따스하게 녹여 주었다.

당시 목화는 상당히 비싼 수출품이었기 때문에 원나라에서는 목화 씨앗을 외국으로 내보내는 일을 엄격하게 금하고 있었다. 그러나 문익점은 어떻게 해서든지 귀국할 때 목화 씨앗을 가져가려고 했다. 그는 시종이었던 김룡을 시켜 밭을 지키던 노파의 주의를 딴 곳으로 돌리고, 중국관리의 제지를 무릅쓰며 어렵게 밭으로 들어갔다. 문익점이 어렵게 얻은 목화 씨앗을 붓대 속에 넣어 온 것은 유명한 이야기이다.
 그러나 이렇게 어렵게 목화 씨앗을 구해 고려로 돌아온 문익점은 자신이 반란이라는 오명(汚名)을 쓰고 파직과 함께 귀향 명령을 받았다는 충격적인 사실에 접하게 된다.
 당시는 공민왕이 고려의 정치에 사사건건 개입하던 원의 쇠퇴기를 틈타 반원정책을 추진하던 시기였다. 공민왕의 반원정책은 친원(親元)세력의 반발을 샀고, 그들은 자신들에게 위험한 존재인 공민왕을 제거하려 하였다. 마침 원나라의 신하로 있던 최우가 원에 와 있던 충선왕의 셋째 아들 덕흥군을 왕으로 옹립하고 공민왕을 몰아내려 하였다. 최우는 1364년 1월 원나라 군사 1만 명을 얻어 요동까지 진군하였으나 고려군에 의해 물리쳐졌다.
 문익점이 원나라에 갔던 시기는 이런 정치적 격동기였다. 원나라에 수행원으로 갔던 그는 덕흥군을 지지하였다는 혐의를 받아 귀국과 동시에 파직되면서 고향인 경상도로 귀향을 가게 되었던 것이다.
 1364년, 문익점은 몰래 가져온 목화씨 10알을 경상도 진주에 있는 장인 정천익에게 심게 하였다. 면화는 기후가 온난한 지역에서 재배될 뿐만 아니라 충분한 거름을 주어야 하는 작물이었으므로 관리하기가 매우 어려웠다. 씨앗을 뿌려 놓기만 한다고 자라는 것은 아니었다. 때문에 첫해에는 겨우 한 그루만이 살아남았다.
 어렵게 얻어온 씨앗을 죽일 수는 없다고 생각한 문익점은 밤낮으로 목화 재배에 힘을 쏟았다. 그의 정성 덕분인지 한 개의 씨앗에서 약 100여 개의 씨앗을 얻어낼 수가 있었다. 100여 개의 씨앗을 가지고 목화 재배를 시작한 문익점과 정천익은 해마다 경작 면적을 늘려갔고, 재배 기술을 개선해 나갔다. 그들은 1367년부터 고향 사람들에게도 목화 재배를 권장하였다. 그 후 목화 재배는 점차 북쪽 지방으로까지 번져 나갔다. 3년 간의 노력 끝에 문익점은 드디어 목화씨를 전국에 퍼지게 하였던 것이다.

그러나 문제는 여기서 그치지 않았다. 목화의 씨를 솜에서 어떻게 제거해야 하고 또 실은 어떻게 뽑는 건지를 몰랐던 것이다. 목화를 재배해서 목화솜을 따낸 뒤에는 먼저 솜 속의 씨앗을 제거해야 했다. 그런 다음 씨앗이 제거된 솜을 말아서 실로 만들었다. 그러나 솜 속의 씨를 빼내는 것은 무척 어려웠다.

그러던 중 때마침 정천익의 집에 묵고 있던 중국인 승려가 씨앗 빼는 기술을 알고 있다 하였다. 행운이 찾아온 것이다. 정천익은 중국의 승려에게 간곡하게 그 방법을 물어 씨 빼는 씨아와 실을 뽑는 물레를 만든다.

### 목면의 장점

목면은 이전의 베옷에 비해 많은 장점을 가지고 있었지만 가장 큰 장점은 뭐니뭐니해도 따뜻하다는 것이었다. 추운 겨울에도 구멍이

숭숭난 베옷을 입어야 했던 사람들의 기쁨은 대단한 것이었다. 또 몇 번만 빨아도 옷코가 터지던 베옷과는 달리 면옷은 질겨서 세탁에도 강했다.

또 하나 목면옷의 특징은 염색이 잘 된다는 점이었다. 예전에는 잇꽃이나 남초 또는 여러 가지 동·식물성 염료를 사용해서 염색을 하곤 했는데, 베옷에는 이러한 염료가 잘 부착되지 않아 한번 빨면 그냥 물이 빠져 버리기가 일쑤였다. 우리 민족이 백의민족(白衣民族)이라고 불릴 정도로 흰옷을 즐겨 입었던 것은 이러한 이유에서 비롯되는 것이다. 염색을 하기가 어렵고, 또 하고 나서도 금방 물이 빠져버렸기 때문에 자연스럽게 흰색 옷을 즐겨 입게 된 것이다. 면옷은 베옷에 비해 염료의 부착성이 뛰어나 색깔이 고운 옷을 오래도록 즐길 수 있었다. 이와 같은 목면의 장점은 상품으로서의 가치도 커서 사람들은 너도나도 목면을 재배했다. 그리고 일찍부터 일본 등지에 수출하였다.

문익점이 살았던 고려 말은 개혁의 분위기가 싹트던 시기였다. 나라가 기울기 시작하자 신진사대부들은 고려를 수호하면서 개혁을 추진하려는 온건한 개혁가들과 새로운 국가를 건설하려는 혁명파로 나뉘었다. 문익점은 이색, 이림, 우현보 등과 더불어 사전(私田) 혁파 등을 주장하는 이성계 일파의 전제 개혁에 반대했고 이 사건으로 조준의 탄핵을 받아 결국 관직에서 물러나게 된다.

그러나 목면의 보급에 끼친 공로가 인정되어 사후(死後)인 조선 태종 때 참지정부사 강성군에 추증되었다. 그리고 1440년(세종 22)에는 영의정에 추증되고 충선공이라는 시호를 받았다. 그의 고향 단성에는 도천서원이 세워지고 전라남도 장흥의 월천사우에도 사당이 세워지게 되었다.

문익점의 목화종자의 보급, 목화섬유를 이용한 의료제조 등의 공로는 참으로 큰 것이었다. 조식은 후일 문익점의 공로를 두고 "백성에게 옷을 입힌 것이 농사를 시작한 옛 중국의 후직 씨와 같다"라는 시를 지어 찬양하기도 했다.

문익점과 정천익이 처음 목화를 시험재배했던 경상남도 산청군 단성면 사월리에는 문익점 면화 시배지가 사적 제108호로 지정되어 있다. 부근의 마을은 문익점의 출생지이기도 한데, 이 마을은 목화 재배의 유래를 간직해 오면서 지금도 배양마을로 불리우고 있다. 배양마을에서 지리산으로 행하는 한길가에는 오른편으로 나지막한 돌담을 둘러싼 1백여 평의 밭이 있고 밭의 오른쪽에는 기와지붕을 올린 비각이 있으며, 그 안에 '삼우당문선생면화시배지(三憂堂文先生棉花始培地)'라고 제목을 붙인 사적비가 서 있다. 이 곳이 처음으로 문익점에 의해서 들여온 목화가 번식에 성공했던 옛터이다. 지금도 이 곳에서는 문익점의 업적을 기리는 뜻에서 옛터에 밭을 일구어 해마다 목화를 재배하고 있다.

오늘날 좋은 난방시설과 두툼한 겨울옷으로 추위를 잘 모르고 지내는 우리로서는 고려 말기에 백성들이 느꼈을 '따뜻함'을 잘 이해하지 못할 것이다. 당시 문익점의 이름 석자는 추위를 녹여 주는 불기운과 같이 백성들의 입에 올랐고 정부에서는 그를 기념하여 자손 대대로 녹과 서훈을 내려주었다.

### 솜옷과 전염병

목면옷을 입게 된 이후 따뜻한 겨울을 지낼 수 있었던 것은 행운이었지만, 한편으로는 눈에 보이지 않는 대가를 치러야 했다. 문익점이 목화씨를 숨겨 온 과정에 대해 다음의 우스개 같은 전설이 하나 전한다.

문익점이 중국에서 목화씨를 몰래 숨겨 오려는데 국경의 관리들이 몸수색을 하였다. 급한 나머지 문익점은 그 씨앗을 자신의 붓통에 넣었다. 즉 빈 붓대에 숨겨 들여온 것이다. 고향에 돌아온 문익점이 목화씨를 꺼내려 하니 그 안에 조그마한 벌레가 하나 있었다. 무심코 그는 "빈 대에 씨뿐 아니라 네놈까지 들어 있었으니 네 이름을 '빈대'라고 해야겠구나"고 하였다.

목면 솜옷과 빈대는 이렇게 해서 공생하기 시작하였다. 빈대나 이[蝨]와 같은 기생충들도 솜옷 속으로 들어가는 것이 베옷에서 보다는 겨울 나기가 훨씬 유리하였다. 겨울에 따스한 옷을 입어서 좋았던 사람들은 이제 빈대나 이와 같은 벌레들과 싸워야 했다. 그리고 벌레에 의하여 전염되는 전염병의 문제가 한층 인간을 위협하게 되었다.
이나 빈대는 발진티프스와 같은 질병을 일으켰는데 조선 시대 솜옷이 광범위하게 보급된 이후에 발진티프스는 주요한 질병의 하나로 자리잡게 되었다. 전설에서 솜옷과 빈대가 같이 등장하고 그 이름도 붓통의 빈대에서 유래하였다고 하는 것이 단지 우스개 소리에 그치는 것은 아닌 것이다.
얼마나 이나 빈대가 사람들을 괴롭혔는지는 조선 시대 한 유학자의 다음 글을 보면 잘 알 수 있다.

이란 놈은 낮에는 숨고 밤에 나와 사람들을 무니 반드시 밤이 깊어지면 나타나고 닭이 울면 들어간다. 사람을 물 적에 숨을 곳을 살피다가 사람이 무는 것을 느낄 때 재빨리 숨어버리곤 한다. 사람으로 하여금 밤새도록 잠들지 못하게 하고 잠들면 물고 깨면 숨으니 잡을 수가 없다. 작은 놈들은 매우 미세하여 먼지 부스러기와 같으니 능히 잡을 수도 없고 숨은 곳에 연기를 피우면 더 깊이 숨어버리니 오호라 저런 미물조차 밤에 나올 때를 알고 기세를 살펴

숨을 곳을 엿보니 그 지혜가 많다 하겠다. 세상에 경망스럽게 날뛰는 인간들이 그 모양새 비록 대단한 것 같으나 그 지혜는 작은 벌레만도 못하니 슬픈 일이도다.

위 글은 비록 당시의 경망한 사람들을 질책하는 뜻이 담겨 있지만, 이 글을 통해 우리는 이가 당시 사람들을 얼마나 괴롭혔는가를 짐작할 수 있다.

### ☞ 다 함께 생각해 봅시다

오늘날은 옷을 입을 때 컬러나 패션을 많이 따진다. 그만큼 옷 문화에 여유가 있는 것이다. 그러나 예전에는 추위로부터 보호해 주는 것이 가장 중요할 만큼 옷감의 소재도 부족하였고 패션을 생각한다는 것은 아주 높은 지위의 사람들이 아니었으면 어려운 일이었다. 미래에는 어떤 옷을 입을 것인지 과거 사람들이 입었던 옷과 비교하여 생각해 보자.

# 매년 농사짓는 법

## 정초(鄭招)

　　중농정책을 채택한 조선은 농업 생산을 높이기 위하여 토지 개간, 수리시설의 확충, 종자 개량, 농업기술의 혁신 등에 주력하였다. (중략) 농업기술도 크게 발달하여 일반적으로 조, 보리, 콩의 2년 3작이 널리 행해졌는데, 남부의 일부 지역에서는 모내기 법과 벼와 보리의 2모작이 실시되기도 하였다. 또 밑거름과 덧거름을 주는 시비법의 발달로 해를 건너서 휴경하지 않고 매년 토지를 경작할 수 있게 되었다. 이외에도 목화 재배가 확대되었고, 각종 원예작물과 약초 및 과수의 재배가 널리 보급되었다. 또 『농사직설』과 『금양잡록』이 간행되어 농업기술을 널리 보급시켰다.

## 농사기술이 발달하다

　인구가 증가하면서 농업기술이 발달하는 걸까, 아니면 농업기술의 발달이 인구가 증가할 수 있는 조건을 만드는 걸까.
　위와 같은 질문은 닭이 먼저냐, 알이 먼저냐 하는 질문과 유사하다. 어떤 학자들은 인구는 자연증가하거나 또는 기하급수적으로 증가하게 마련이고 이렇게 늘어난 인구를 부양하기 위해서는 더 많은 수확량이 필요하므로 한정된 면적에서 수확량을 늘리기 위해 농업생산기술이 고도로 발달된다고 얘기한다. 한편 다른 학자들은 기술은 인간의 지적능력과 지식의 전달을 통해 발달하는 것이라고 본다. 즉 기술이 발달함에 따라 농업생산량이 늘어나고 그에 따라 부양할 수 있는 인구의 규모가 커지게 된다는 것이다.
　이러한 주장들의 어느 한쪽이 옳고 다른 쪽은 그르다고 말하기는 어렵다. 가장 타당한 해석은 인구와 기술의 발달이 서로 원인과 결과가 되면서 상승작용을 한다고 보는 것이다.
　고려 후기와 조선 전기가 바로 이렇게 농업생산력의 발달과 함께 인구 증가가 두드러졌던 시기이다. 정치적으로는 새로운 왕조가 개창되었는데, 그 주도세력은 신진사대부들이었다. 이들은 늘어난 인구와 발전된 농업기술을 정리, 보급하고자 하였다. 그것이 당시 새로 개창된 왕조에 대한 국민들의 충성심을 높이는 좋은 방법이었기 때문이다.
　정초는 바로 이 같은 국가의 시책에 적극 호응하여 농사법을 정리하여 출간한 학자이다. 그는 새로운 선진농법을 소개하는 한편 전국적으로 농사 경험이 많은 농민들의 경험을 잘 살려서 『농사직설』을 편찬하였다. 경상도 하동이 고향이었던 그는 과거에 합격한 후 예문관 검열, 사헌, 집의 등 여러 직책을 거쳤다. 『농사직설』은 그가 이조참판직을 거쳐 좌군 총제라는 직책을 받았을 때 저술한 것으로 보인다. 그 후 정초는 1434년(세종 26) 6월에 사망하였다고 기록되어 있다.

## 정초의 등장과 『농사직설』

고려 시대에는 주로 중국의 농서를 수입하여 여기에서 소개하는 농사법을 두루 권장하였다. 특히 고려 말에는 원나라의 『농상집요』가 수입되어 큰 참고가 되었다. 그러나 정초는 조선에서는 조선에 맞는 농사법이 추구되어야지 중국의 방법을 그대로 고수하는 것은 옳지 못하다고 보았다. 이러한 주체적인 관점에서, 그는 『농사직설』을 저술하는 동기를 다음과 같이 소개하고 있다.

　세상의 풍토가 서로 다르므로 농사의 법이 중국과 다른 것은 당연한 일이다. 따라서 각기 자신의 토지에 적합한 농사법을 개발하여야 한다. 단지 옛날의 중국 농서(農書)에 실려 있는 대로 농사를 짓는다면 이는 잘못된 것이다. 조선의 풍토에 맞고 그 지역에 익숙한 농사꾼들에게 자신의 경험한 바를 잘 묻고 정리하여 편찬하였다.

정초는 우선 조선의 독자적인 농사법을 수집하였다. 과학적 방법의 기초는 자료를 수집하고 이에 토대를 두고 논리를 전개하거나 서술하는 것이다. 따라서 경험적 방법을 주장한 정초의 접근방식은 매우 과학적이었다고 할 수 있다.
　이렇게 각지의 농사법이 모아지자 정초는 동료들과 함께 자료를 상세히 검사하여 중복되는 것은 제외하고 간결하게 요점을 정리,

『농사직설』을 편찬하였다. 이렇게 만들어진 『농사직설』은 각 지역의 풍토를 고려한 농부[老農]의 풍부한 경험을 토대로 한국적 농업의 전기를 마련하였다. 특히 남부 지방[三南]의 농사법이 주목되었는데 그것은 말할 것도 없이 벼농사 방법이었다.

### 매년 농사를 짓자

고려 시대만 해도 벼농사는 산전(山田)이 많았고 밭농사에 의존하는 비율이 상당히 높았다. 산전(山田)은 수전(水田)에 비해 물대기가 어려웠다. 오늘날처럼 저수지가 발달되지 못했던 고려 시대에는, 자칫 물을 충분히 대지 못해 농사를 망치게 되는 것을 염려해서 아예 처음부터 물이 적게 필요한 '산도(山稻)'라는 벼를 심었다. 산도는 밭처럼 건조한 땅에서도 자랄 수 있는 종이었다. 이 산도가 논에 물을 대고 기르는 수도작보다 생산량이 충분하지 못했던 것은 당연하다.

고려 말에서 조선 전기로 넘어가면서 점차 삼남지방을 중심으로 수도작 농사법이 활용되었다. 그러나 이때 사용한 농사법은 논에 물을 대고 모내기를 하는 방법이 아니라 건삶이법이라 하여 논에 볍씨를 뿌리고 물을 대어 기르는 방법이었다.

한편 고려 말에 이르면 인구가 증가하기 시작했다. 전근대 사회에서 인구 증가의 가장 큰 마이너스 요인은 어린이 사망이었다. 당시에는 태어난 지 1~2년 안에 사망하는 어린이가 거의 30~40%에 이르렀다. 100명의 아기가 태어나면 30~40명은 어른이 되지 못하고 1~2년 안에 죽어버리는 것이다. 따라서 일단 이 시기를 넘기면 이제 어른이 될 수 있다고 여겼다. 돌잔치를 하는 풍습은 아마 이 같은 이유로 생긴 게 아닌가 한다. 고려 말, 조선 초에 이르면 약재의 보급이 활발해지고 또 어느 정도 먹을 것이 풍부해지면서 인구가 증가하게 된다. 조선 전기의 인구는 대략 500만 정도였다.

인구 증가가 이루어진 고려 말에서 조선 초기의 농법상 중요한 발달은 연작 상경이 가능해졌다는 것이다. 즉 이즈음부터 매년 곡식을 심고 거둘 수 있게 된 것이다. 오늘날 이 말은 참으로 이상하게 들릴 것이다. 왜 매년 곡식을 뿌리고 거두면 될 일이지, 1년씩 쉬었다가 농사를 지었을까? 농부가 게을러서 그랬나?

지력(地力)이 충분해야 하는 벼농사를 매년 짓기 위해서는 땅에 충분히 비료를 줘야 했다. 그러나 당시는 오늘날처럼 화학비료도 없었고 충분한 비료를 대기도 어려워 한 번 농사를 지어 지력이 쇠한 땅을 다시 농사지을 수 있을 정도로 회복시키기 위해서는 한 해 땅을 쉬게 하는 수밖에 없었다. 이 같은 방식은 3판의 농지를 서로 돌아가면서 경작하던 서양의 삼포식 농법과도 비슷한 것이다.

고려 시대에는 이렇게 1년 농사짓고 1년 쉬는 것이 일반적이었다고 보여진다. 그러나 이제 여말선초(麗末鮮初)에 이르면 농민들은 매년 농사짓는 방식을 꾀하였다. 그렇지만 지력을 유지시킬 만큼의 충분한 비료 확보가 어려웠던 농민들은 그루갈이 방법을 고안해 냈다.

그루갈이란 서로 다른 식물을 적당한 기간을 두고 교차해서 경작함으로써 동일한 땅에서 더 많은 수확을 낼 수 있는 방법이었다. 가령 늦은 가을이나 이른 봄에 밀이나 보리를 심었다가 추수를 하면서 그 뿌리를 갈아엎고 그 자리에 늦작물인 콩을 심는 것이다. 이에 대하여 『농사직설』에서는,

　　밀과 보리가 아직 익기 전에 이랑 사이를 얕게 갈아서 콩을 심고 밀과 보리를 거두어 들인 다음 또 추수해 낸 밀, 보리의 뿌리를

갈아엎어서 콩에 북을 돋아 준다. 콩밭 사이에 가을 보리를 심거나 보리밭 사이에 조를 심는 것도 모두 이 방법과 같다.

고 하였다.

이 방법은 밀이나 보리와 같이 질소와 인산을 많이 필요로 하는 곡식을 심었다가 콩이나 팥처럼 공기 중의 질소를 땅 속에 고착시키는 뿌리혹 박테리아를 가진 작물을 심는, 매우 합리적이고 과학적인 방법이었다. 결국 한 해에 두 번 또는 두 해에 세 번 정도의 수확을 거두면서도 토양의 비옥도를 유지할 수 있는 방법이었다.

그루갈이 방법 이외에도 15세기에 이르면 한 해에 두 번 경작하는 1년 2모작이 시도된다. 즉 첫해에는 먼저 보리를 심고 다시 콩을 심었다가 다음 해에는 먼저 보리를 그리고 다시 조를 심는 2년 4작 방식이 그것이다. 남부 지방에서는 가을에 벼를 수확한 다음에 그 벼판을 갈아엎고 보리를 심어 겨울을 나고 다음해 여름 보리를 추수하는 이모작법을 사용하였다.

한편 지력을 유지하기 위해서는 땅을 잘 갈아주는 것이 중요했다. 따라서 논밭을 경지하는 방법 즉, 잘 갈고 다루는 방법에도 발전이 있었다. 가령 땅을 갈 때에도 봄, 여름에는 얕게 갈고 가을에는 되도록 깊이 간다든지, 가을에 추수를 한 다음에는 거름을 준다든지 하는 등의 토지관리법이 행해졌다.

그러나 당시에는 거름이 매우 비싸 일반 농민들은 잘 활용할 수 없었고 경지작업도 써레와 같이 소를 매어 손쉽게 땅을 갈 수 있는 농기구가 별로 없어 어려웠다. 영세한 농민들은 인력으로 땅을 갈아주는 목작(木斫)이나 소홀라(所訖羅) 같은 개인 농구를 많이 이용할 수밖에 없었다.

조선 전기는 매년 벼농사를 지을 수 있도록 기술상의 발전을 꾀하였던 시기였다. 『농사직설』은 이 같은 조선 전기 농법의 과제를 잘 보여주는 저서이다. 거기에는 곡식의 저장법, 땅 갈기, 그리고 여러 가지 곡식(마, 벼, 콩, 참깨, 보리 등) 기르는 법이 소개되어 있다.

### ☞ 다 함께 생각해 봅시다

예전에는 자기가 수확한 쌀은 자기가 먹는 자급자족이 대부분이었다. 물론 가끔 장터에 나가서 다른 곡물과 바꾸어다 먹을 수도 있었지만 자신이 경작한 농작물은 자신이 소비하는 것이 기본이었던 것이다.

사회가 발달하고 경제체제 역시 바뀜에 따라 오늘날 전 세계는 농산물 등의 수출과 수입을 자유 경쟁하는 체제로 바뀌게 되었다. 따라서 한국에 가만히 앉아서도 미국에서 나는 쌀과 동남아시아의 과일 등을 먹을 수 있게 되었다. 요즘과 같은 국제화 시대에 이러한 현상은 어찌 보면 당연한 일이고 우리 나라의 발전상을 보여주는 지표로 인식되기도 한다. 그러나 외국산 쌀의 수입 문제는 강대국의 통상압력과 연관지어 볼 때, 외교적으로도 매우 심각한 문제가 되고 있다.

우루과이 라운드에 대비하여 우리 농산물을 지키기 위한 방법은 무엇이 있을까 다 함께 생각해 보자.

# 하늘을 그대로 갖고 싶다
## 이천(李蕆)과 장영실 (蔣英實)

　농업 진흥에 대한 깊은 관심은 농학의 발달은 물론, 농업에 관련한 천문, 기상, 역법, 측량, 수학의 발달을 가져왔다. 그리하여 천체, 시간, 기상, 토지의 정확한 측량을 위한 각종 기구가 발명 제작되었다. 혼의, 간의 등 천체 관구와 해시계, 물시계 등 시간 측정기구를 제작하였으며, 세계 최초로 측우기를 만들어 전국 각지의 강우량을 과학적으로 측정하기 시작하였다(1441).

## '조선은 중국과 다르다'

　별똥별이 반원을 그리며 저 멀리 지평선으로 사라져 간다. 예전에는 쉽게 볼 수 있었던 이런 풍경은 이제는 하늘이 공해로 흐려져 좀처럼 볼 수 없는 장면이 되어 버렸다. 요즘은 시골에서나 가끔 볼 수 있는 살아 있는 우주의 모습인 것이다. 누군가 "아, 훌륭한 인물이 저 별과 함께 돌아가셨는지도 몰라"라고 한다면, 금방 옆에 있던 사람은 "아니야, 무슨 소리. 그것은 미신일 뿐이라고. 별똥별이야 지구로 떨어지는 우주의 별에 불과한 것이지 무슨 인간의 운명과 관련이 있을라고" 하고 반박할 것이다.

　역사 이래로 우주는 인간에게 꿈을 주어 왔다. 그리고 가장 먼저 인간의 탐구 대상이 되었다.

　조선 왕조를 건국한 신진사대부들은 국가의 기틀을 마련하고자 정치, 경제, 사회 각 분야에 걸쳐 개혁을 시도하였다. 그들은 당시 지구상에서 문화적으로 가장 우수하다고 생각된 중국을 개혁의 모델로 삼았다. 그러나 단순히 중국의 문화를 모방하려고만 했던 것은 아니었고 중국과는 다른 조선의 언어와 풍토 등이 고려되었다.

　조선 전기에는 천문학이 매우 중요시되었다. 소우주인 인간은 대우주인 하늘의 현상을 이해하고 그 계시에 따라 행동해야 한다는 사고가 지배적이었기 때문이다. 원래 중국 문화권에서는 오직 중국의 황제만이 하늘과 대화를 나눌 수 있는 권한을 가지고 있다고 생각해 왔다. 즉 중국 황제만이 하늘의 변화된 모습 —별의 움직임, 천둥 번개와 같은 기상현상 등 —을 관측해서 여기에 나타난 하늘의 뜻을 감지할 수 있고, 이를 정치에 반영했던 것이다.

　조선의 4대 임금이었던 세종은 매우 주체적인 사람이었다. 그는 중국의 그늘에서 벗어나 독자적으로 천문 기상 현상을 관측하여 스스로 성군의 지위에 오르려고 하였다. 동시에 천문관측치를 백성들에게 발표해서 농사에 이롭게 하고자 하였다.

그러나 관측기구들은 생각보다 매우 복잡하고 정교해서 제작이 쉽지 않았다. 세종은 먼저 천문학에 관한 이론적 지식을 수집하는 것이 필요하다고 생각하고 이순지 등으로 하여금 역대 중국의 천문학 지식을 정리하게 하였다. 그러나 관측기구를 제작할 수 없다면 이론은 단지 공론에 불과했다.

1420년, 세종은 천문학자들을 서울 근교 수령으로 임명하였고 1421년에는 동래 관아에 소속되어 있던 노비 출신의 장영실을 서울로 불러들여 본격적으로 천문기구 제작에 힘썼다. 독자적인 관측기구를 만들기 위해서도 우선 중국의 기술을 익히는 것이 중요했으므로 세종은 먼저 천문학자들에게 중국에 가서 천문 관측기구와 설비들을 답사하고 오게 하였다. 그리고 장영실이 종의 신분임을 염려하여 비록 낮은 직이기는 하지만 상의원 —궁궐의 옷을 만들어 바치는 기관—의 벼슬을 주었다. 상의원은 옷뿐만 아니라 다양한 왕실기구들, 가령 가마나 일산(日傘) 등 왕족들이 사용하는 비품을 만드는 곳이었기 때문에 장영실과 같은 재주꾼이 반드시 필요한 곳이었다.

조선 초기와 같은 신분제 사회에서 노비로 태어난 장영실이 역사에 남아 우리에게 알려지게 된 것은 세종과 같은 훌륭한 임금의 시대에 태어났기 때문이다. 물론 그 스스로 뛰어난 기술과 자질이 있었기에 가능했던 측면도 간과할 수 없다.

한편 장영실과 함께 세종대에 여러 가지 천문기구와 활자 등을 만든 인물이 있었는데, 이천이 바로 그 사람이다. 그는 1376년(고려 우왕 2)에 태어나, 1402년(태종 2)에 무관에 급제하면서 관직에 나가게 되었다. 무관으로서의 재능이 인정되어 군의 요직을 역임하였던 그가 과학자로서도 능력을 발휘한 것은 1432년 천문기기를 만드는 작업을 담당하면서였다.

혼천의

## 천문기구의 제작

 세종은 1432년에 경연에 나아가 역상(曆象 : 천문학)의 이치를 논하면서 정인지 등에게 "우리 나라는 예로부터 중국의 제도를 따라서 시행하는데 천문을 관측하는 기구가 없으니 관측기계를 만들어 천문을 관측하는 데 대비하라"하였다. 이에 따라 천문 관측기구를 제작하기 위한 연구팀이 만들어졌고 이천은 장영실과 함께 천문 관측기구의 제작을 지휘, 감독하였다.
 이 연구팀은 먼저 목간의라는 관측기구를 만들어 한양의 북극출지(北極出地 : 고도)를 측정하였고 계속해서 대간의, 소간의, 혼의, 혼상, 현주일구, 천평일구, 정남일구, 앙부일구, 일성정시의, 자격루 등을 만들어 냈다.
 이렇게 하여 대규모의 천문기기들이 만들어졌다. 세종은 자신의 꿈이 이루어지자 너무도 기뻤다. 곧 천문기구들을 설치하기 위해 1433년(세종 14년), 경복궁 경회루 북쪽에 간의 설치용 축대를 만들었다. 한마디로 천문관측을 위한 천문대를 만든 것이다. 간의대의 규모는 높이가 9미터에 가깝고 길이가 14미터, 넓이가 9.8미터에 이르렀다.

간의대 가운데에는 대간의를 설치하고, 간의의 남쪽에는 간의의 방향을 잡는 데 필요한 방위 지정표인 정방안(正方案)을 장치하였다. 간의대의 서쪽에는 높이가 약 8.5미터에 이르는 청동의 규표(노몽 : gnomon)를 세웠고 그 서쪽에 작은 집을 지어 혼천의와 혼상을 설치하였다. 이와 같은 천문관측대와 기기들은 15세기 전세계를 통틀어 그 규모와 정밀함에서 대단히 훌륭한 수준이었다.

청동으로 만든 대간의는 천체의 위치를 측정하는 데 사용되었고, 40척(尺 : 당시 1척은 약 20cm) 높이의 규표는 동짓날 해의 그림자를 측정, 정확한 길이를 재서 24절기와 1년의 길이를 결정하는 기기였다. 중국의 규표 높이가 8척이었던 데 비해, 이천이 세운 규표는 그 높이가 5배에 이르는 것으로 정밀도가 매우 높았다.

또 당시 제작된 혼천의는 물로 움직이는 시계장치로 기계장치의 정밀성이 특히 뛰어났다. 천체의 각도와 위치를 측정하는 기기와 그것을 작동시키는 시계장치로 이루어져 있는 혼천의는 중국 천문시계의 제작방법을 검토한 후 자체적으로 연구해서 만든 기기였다. 따라서 혼천의와 혼상을 연결, 시시각각으로 변화하는 천체의 운동과 모양을 혼천의로 측정해서, 혼상을 통해 표현했다. 혼천의와 혼상만 잘 보고 있노라면, 우주를 한눈 안에 두고 보는 장관이 그대로 연출되었을 것이다.

### 하늘의 뜻을 백성에게 알리다

이외에도 일성정시의와 현주일구, 정남일구 등의 해시계가 제작되

앙부일구

어 서운관을 비롯한 몇몇 기관에서 사용되었다.

하늘의 운행은 곧 시각으로 표현될 수 있었고, 시각을 안다는 것은 하늘의 운행, 곧 하늘의 뜻을 안다는 의미였다. 이는 하늘의 시각을 체크하여 백성들에게 알려줌으로써 하늘의 도를 정치에 구현한다는 상징적 의미를 내포하고 있었고 그 의미는 상당히 중요하였다.

세종은 이러한 효과를 얻고자 하였으므로 백성을 위한 공중시계인 앙부일구의 제작을 명하였다. 당시 일반 백성에게 시각을 알린다는 의미는 오늘날의 서울역이나 청량리역 앞의 시계탑 같은 의미가 아니었다. 수도 한양의 한복판에 세워져 있는 근사한 시계장치(앙부일구)를 보고 있는 조선의 백성들은 하늘의 도를 정치에서 베푸는 훌륭한 왕의 보호를 받고 있다는 뿌듯한 자부심을 느꼈을 것이다.

이처럼 세종대에는 필요한 모든 천문기구와 장치들이 마련되었다. 세종은 학식과 정치력을 겸비한 인물이었다. 중국에 버금가는 문물을 완비하는 동시에 이를 만방에 알리고 싶어했다. 먼저 하늘의 도를 알아야 했으므로 간의대를 설치하여 천문관측을 시도했다. 그러고는 오늘날의 천문학에 해당하는 역법을 연구, 그 정밀함을 추구하였다. 1442년(세종 24)에 출간된 『칠정산』은 조선의 독자적 역법이었다.

세종은 자신의 노력을 일컬어, '천기(天氣)를 살펴 백성에게 기후와 시간을 알려주기 위한 것'이라 말하였다. 기후와 시간을 백성들에게 알려줄 수 있는 가장 간단한 방법은 실물로 보여주는 것이다. 측우기나 해시계와 같은 장엄한 구조물은 백성들의 마음을 사로잡기에 충분했다.

☞ **다 함께 생각해 봅시다**

천문학은 최고의 수학, 물리학과 정밀한 관측을 필요로 하는 학문으로 이 점은 예나 지금이나 크게 달라진 것이 없다.

과거에는 천문현상을 하느님의 벌이나 칭찬으로 해석하는 경향이 있었다. 따라서 천문학의 기능도 오늘날과 달랐다. 여러 가지 천문현상을 정확히 관측하고 예측해 준다는 사실은 백성들에게 하늘의 뜻을 잘 아는 훌륭한 제왕이라는 느낌을 줄 수 있었다. 국가에서는 이런 효과를 얻기 위해서 천문학에 대한 연구를 체계적으로 추진하였다. 조선 전기 성군(聖君)이었던 세종은 이와 같은 면에서 탁월한 정치력을 겸비한 임금이었다.

오늘날의 천문학과 세종대의 천문학간의 차이점과 유사점을 다 함께 연구해 보자.

# 과학 지식의 정리와 기술의 발달

은을 만들자—김검동과 김감불
해부를 하다니, 천벌을 받으라고—전유형과 임언국
우리 것이 좋은 것이여—허준

# 은을 만들자
## 김검동(金儉同)과 김감불(金甘弗)

15세기의 상업은 정부의 통제정책, 교통 운송 수단의 미비, 화폐 유통의 부진, 유교적인 검약생활로 인하여 물화의 교류가 활발하지 않아 크게 발달하지는 못하였다. 그러나 16세기에 이르러서는 농업생산성의 향상과 함께 상공업 활동이 점차 활발해지기 시작하였다.

### 조선 시대의 무역

예전에는 국제간 무역을 어떻게 했을까? 전통적으로 한반도가 위치하고 있는 동아시아에서는 조공무역이라 하여 중국을 중심으로 하고 각 나라간의 특성을 존중하는 일종의 교환무역이 발달해 있었다.

조선 시대에도 이러한 양상은 크게 달라지지 않았다. 특히 명나라는 전통적인 화이사상(華夷思想)을 강조하면서 중국이 세계의 중심임을 강요하였다. 또 조공 조건을 어렵게 한다든지, 물량을 증가시키는 등 이전에 비해 까다로운 조건을 제시하였다.

그러나 명분 이외에도 교역상의 실리를 염두에 두었던 것이 조공무역이 가지는 이중적 특징이었기 때문에 조선이나 일본이 명나라의 주장대로만 끌려간 것은 아니었다. 조선과 일본은 나름대로의 경제 조건과 논리를 중시하면서 동아시아 경제권의 일원으로 활동했다.

16세기에 이르면 동아시아의 경제권이 활발한 성장을 하면서 교역량이 크게 증대한다. 이 시기에는 유럽의 상인들까지 가세, 세계적인 모습을 보이나 동아시아 교역의 중심국은 여전히 조선과 중국 그리고 일본이었다. 이 가운데 조선은 중국과 일본의 중계 역할을 함으로써 상당한 부를 축적할 수 있었다.

### 은, 은, 은

유럽에서 많은 양의 물품을 들여오던 명은 그 대금 결제를 위해 많은 양의 은을 필요로 했고 조선에 대해서도 조공으로 은을 바칠 것을 요구하였다. 이에 대해 조선은 은(銀)이 조선의 산물이 아님을 들어 계속 그 양을 줄여 보려고 노력했다. 세종 때에는 중국에서 너무 많은 양의 은을 요구해서 은 광산을 폐쇄하는 강경 조치를 취하기도 하였다.

16세기에 들어오면서 조선은 중국으로부터 비단 등의 고가 직물류, 원사(原絲) 등을 수입하기 시작함으로써 조선과 중국의 무역량은 다시 증가하였다. 15세기 이후 꾸준히 농업 생산기술의 발달이 이루어지면서 농산물의 수확이 증가되었고 이는 곧 돈이 많아짐을 의미했다. 돈이 많아지자 사치품에 대한 수요가 늘어났다. 비단과 같은 고가품이 중국으로부터 대량 수입되었고 은으로 그 대금을 치렀다.

중국에서 대금 결제를 은으로 해줄 것을 요구하자 부진하던 조선의 은 광업이 발달하기 시작하였다. 점차로 증가하는 은 수요가 민간인의 은광 개발을 허락하는 방향으로 국가정책을 변화시켰다. 조선 개국 당시부터 추진되었던 모든 산업의 국유화 내지는 국가관리라는 공적 관리 시스템에 변화가 생겨났고 은 광업에도 동일한 변화가 나타났다. 개인의 은광 개발이 허락되면서 점점 은 광산의 개발과 광석으로부터 은을 제련하는 기술의 정밀화가 요구되었다.

## 은 제련법의 발달

이때 은광기술의 발달에 한 발자국을 더 내디뎠던 인물들이 있었다. 이름도 천하고 신분도 낮았던 일선의 기술자들인 김검동과 김감불이다. 이들은 원래 궁중의 금은 세공에 동원된 기술자들로 1503년 함경도의 단천에서 은을 포함하고 있는 아연광으로부터 보다 순도 높은 은을 분리하는 방법을 개발하였다.

이것이 바로 아연과 은을 따로 분리하는 새로운 제련법 곧 단천 연

『천공개물』에 실려 있는 연은법, 단천연은법과 비슷하다

은법으로 귀금속 제련기술의 획기적 발달을 가져왔다. 그들이 창안한 제련법은 『조선왕조실록』에 다음과 같이 자세하게 기록되어 있다.

  쇠로 만든 노(爐)의 안벽에 석회로 만든 내화재를 바른 다음 연광석 덩어리들을 채운다. 노 전체를 질그릇 조각들로 덮고 그 위 아래에 놓인 숯에 불을 달군다. 이때 높은 온도로 계속 불을 때면 광석이 녹아내리면서 은과 아연은 위로 끓어오른다. 여기에 물을 뿌리면 아연이 먼저 굳어져 나오고 은은 아연과 달리 구분되어 나온다.

  같은 양의 광석에서 보다 순도 높은 은을 제련할 수 있다면 그만큼 경제적 효율을 높이는 것이다. 따라서 단천의 은 제련법은 널리 퍼지게 되었다.

단천 연은법은 조선 내뿐만 아니라 중국에까지 그 방법이 전해진 것으로 보인다. 중국의 만물서적으로, 명나라 때 과학기술자로 활약했던 송응성(宋應星)이 저술한 『천공개물(天工開物, 총 18권)』이 있다. 이 책에는 여러 가지 광석과 금속을 논하는 가운데 은의 제련법이 기록되어 있는데 그 방법이 단천 연은법과 거의 비슷하다.

『천공개물』이 단천 연은법이 발명된 지 100여 년 후인 1637년에 출간된 것임을 감안한다면, 당시 단천 연은법이 은 제련법으로 굳건히 자리잡았던 것으로 생각된다. 물론 중국에서 자체적으로 이 기술을 알아냈을 수도 있으나 함경도가 반도의 북방에 위치하여 중국과 가까웠으므로 조선의 단천 연은법이 중국으로 흘러 들어갔을 수도 있는 것이다.

어쨌든 16세기 조선에서는 은 제련기술의 발달로 순도 높은 은을 많이 제련할 수 있었다.

이와 비슷한 시기 유럽의 제련기술은 어떠했을까? 유럽에서도 금속학은 매우 중요한 위치를 차지하고 있었다. 철, 구리, 주석, 금, 은 등은 인간의 생활과 밀접하였으므로 광산을 개발하고 보다 순도 높은 금속을 개발하는 것은 대단히 긴요한 일이었다.

1556년 광산에 관한 여러 가지 저술과 함께『금속에 관하여』라는 대작을 남긴 아그리콜라는 유럽 금속학의 원조라 할 수 있다. 『금속에 관하여』에도 은 제련술이 소개되어 있는데 여전히 은광석을 녹여 노(爐)의 밑으로 흘러나오는 용융액을 받아 제련하는 모습을 보여준다. 은과 아연은 녹는 점이 비슷하기 때문에 이 방법은 단천 연은법에 비하여 순도 높은 은을 만들기에는 부적절하였다.

### 이규경과 단천 연은법

　김검동과 김감불의 단천 연은법은 이처럼 당시 전세계에 내놓을 만한 훌륭한 제련 기술이었음에도 불구하고 그 개발자가 미천한 기술자라는 이유로 그냥 역사 속에 묻혀 버릴 뻔했다.
　그러나 다행히도 우리는 이규경의 책에서 단천 연은법에 대한 기록을 볼 수 있다. 19세기의 실학자 이규경은 박학다식하였다. 여러 분야에 걸친 지식을 정리하면서 그는 광석학에도 관심을 기울였다. 다만 한 가지 아쉬운 것이 있다면 이규경 자신도 단천 연은법을 중국의 『천공개물』을 통해 알았을 것이라는 점이다. 조선인이 개발한 기술임에도 불구하고 조선 사회가 기술을 천시하였기 때문에 중국인의 책에서 그 기술을 엿본 것이다.
　이규경의 『오주서종(五洲書種)』을 통해 김검동과 김감불이 발견한 은 제련술은 우리에게 알려졌다. 이규경은 제련 기술을 다음과 같이 소개하고 있다.

　　먼저 은이 포함된 광석을 채취한다. 노(爐) 아래에 조그마한 구덩이를 파고 뜨거운 불을 먼저 깔아 둔다. 그리고 그 위에다가 아연 덩어리를 깔고 은광석을 펼쳐 둔다. 사방에 불티가 남아 있는 재를 덮고 소나무로 덮는다. 부채를 가지고 불을 지피면 불길이 일어나는데 아연이 먼저 녹아 내리고 은광석은 천천히 녹는다. 그러다가 아연 녹은 물이 끓어오르면서 갑자기 은광석이 갈라지고 그 위로 아연이 흘러나온다. 이때 물을 뿌린다. 그러면 은이 응고하면서 아연과 분리된다. 다시 재 속에 있는 아연에 불을 가하면서 재를 떨어버리면 아연도 분리할 수 있다.

　단천 연은법의 사용으로 당시 함경도 단천은 은광의 산지로 주목

받게 된다. 은광석을 많이 캐내었을 뿐 아니라 순도가 높은 은을 제련할 수 있었기 때문이었다.

동아시아 경제권에서 은은 화폐의 기능을 지니고 있었다. 중국, 일본간의 중계무역에서 보다 많은 수입을 얻으려는 경제적 요인은 은 제련기술에까지 영향을 미쳐 새로운 단천 연은법을 탄생시켰던 것이다.

☞ 다 함께 생각해 봅시다

기술의 발달과 개선은 여러 분야에서, 다양한 사람들에 의해 이루어져 왔다. 현대 국가들은 기술 개발에 국가의 운명을 걸고 노력하고 있다.

기술의 발달과 개선은 간단한 데서부터 시작하는 것일지도 모른다. 우리가 현재 자신의 위치에서 발견할 수 있는 기술적 개선과 발명은 무엇일까 다 함께 생각해 보자.

# 해부를 하다니, 천벌을 받을라고
### 전유형(全有亨)과 임언국(任彦國)

조선 후기에는 서양 의학의 전래로 18세기에 인체의 해부학적 구조와 생리적 기능에 대한 지식을 얻었다. (이익)

### 서양 의학, 동양 의학

　서양 의학과 동양 의학의 가장 큰 차이를 들라면 가장 먼저 해부학을 떠올릴 수밖에 없다. 그만큼 서양 의학의 탄생과 발달은 해부학의 발달과 밀접한 관련을 맺고 있다. 서양에서는 해부된 장기들을 관찰하면서 동물과 인간의 신체 구조, 장기 구조에 대한 지식을 의학 치료에 응용하였다. 반면에 동양은 장기의 기능론적 측면을 중시했다. 즉 동양에서는 해부학적 특질과 지식보다는 장기들의 기능과 상호 관련에 관심이 집중되었다고 할 수 있다.
　서양 의학의 원조로 불리는 히포크라테스의 저술에서도 뼈와 근육, 힘줄의 기능과 구조 등이 자세하게 서술되어 있다. 히포크라테스에 이어 해부학을 본격적으로 의학에 이용한 사람은 갈레노스(129~199?)였다.
　페르가몬과 알렉산드리아에서 의학을 공부한 후 로마로 간 그는 마르쿠스 아우렐리우스 황제의 군의관이 되어 검투사들을 치료했다. 갈레노스는 시합에서 죽거나 다친 검투사들을 치료하면서 신체를 직접 다루어 볼 기회를 가졌다. 특히 심하게 다쳐 내장이 드러나게 된 사람들을 보면서 해부학 실습을 하였다. 그는 나중에 해부학 연구를 더욱 심층적으로 할 수 있는 연습실을 가지게 되었다. 거기에서는 주로 인간과 가장 유사한 동물인 원숭이를 실험 대상으로 삼아 절개하고 해부한 지식으로 인체의 기관과 구조를 유추하였다. 중세 시대에 이르도록 갈레노스가 이룩한 해부학적 지식은 최고의 경전으로 대접받았다.
　갈레노스의 해부학은 베살리우스 등을 거쳐 15~16세기에는 더욱 발달하였다. 특히 16세기 말과 17세기 전반에 걸쳐 활약한 하비는 해부학이 의학에서 얼마나 중요했던가를 보여주는 대표적인 인물이다. 해부학을 통한 엄밀한 실험과 그 실험을 통한 의학의 발달은 하비 의학의 정수이다.

당시 이태리의 파도바 대학은 해부학의 메카였다. 파도바 대학의 학생이었던 하비는 해부학 연구에 열중하면서〈동물의 심장과 피의 운동에 대한 해부학적 연구〉(1628)라는 저술을 통해 근대적 의미의 해부학을 시도하였다. 특히 심장을 통한 혈액순환을 해부학과 실험적 사고로 발견함으로써 중세 의학이 근대 의학으로 넘어가는 데 중요한 역할을 담당하였다.

위에서 본 바와 같이 서양 의학의 발달은 해부학의 지식에 전적으로 의존했다고 해도 과언이 아니다. 그만큼 서양 의학의 발달과 해부학은 밀접한 연관을 맺고 있었다.

그러면 동양 의학 또는 한의학은 해부학에 대해 어떤 태도를 가졌을까? 동양 의학에서는 해부 자체를 금기시하였다. 유교적 전통이 뿌리 깊은 동양에서는 인체를 손상하는 것은 살아서나 죽어서나 자신을 낳아 주신 조상님에 대해 큰 죄를 짓는 것으로 생각되었다. '신체발부 수지부모(身體髮膚 受之父母)'의 이념이 지켜졌던 것이다. 따라서 부관참시나 육시(戮屍)와 같이 육신을 갈가리 찢어 죽이는 것이 가장 무섭고도 지독한 형벌이었다. 동양 의학에서 해부학과 같은 시체의 절개와 장기의 관찰이 발달하지 못한 이유 중 하나가 여기에 있다.

## 산 자와 죽은 자

한편 동양 의학의 기초가 되는 정(精), 혈(血), 기(氣)의 개념도 해부학 발달을 저해한 중요한 요인이다. 동양 의학에서는 정(精), 혈(血), 기(氣)를 인간의 생명과 관련하여 중요한 요소로 파악하였다.
 가령 정(精)은 사람의 생명이 탄생하고 유지되는 데 필수적인 요소로서 일종의 생령(生靈) 같은 것이었다. 생령인 정(精)을 담아 온몸을 순환하는 것이 혈(血)이다. 그리고 그 에너지는 기(氣)로 표현되었다. 이렇게 정(精)과 혈(血)과 기(氣)가 유기적으로 조화를 이루어 잘 움직여주는 것이 건강하게 살아 있는 상태였고 이 세 가지가 삐걱거리기 시작하면 병이 날 징후였다.
 동양 의학이 중요시 여기고 대상으로 삼은 것은 바로 정(精), 혈(血), 기(氣)를 모두 갖추고 있는 '생자(生者)' 즉 살아 있는 사람이다. 산 사람과 죽은 사람의 차이는 이 세 가지 요소를 가지고 있느냐 그렇지 못하냐의 문제였고 건강과 아픔이란 개념, 치료 행위 등은 모두 산 사람을 대상으로 해서만 이루어졌다.
 따라서 설령 죽은 사람, 즉 기(氣)가 빠져 버린 사람을 절개하고 해부해서 지식을 얻는다고 해도 거기서 얻은 지식은 기(氣)를 가지고 있는 산 사람에게는 전혀 소용이 없는 것으로 생각했다.
 이처럼 서양 의학과 동양 의학 사이에는 해부에 대한 기본적 관점에서 큰 차이가 있다. 원자론적 사고방식을 기본으로 하는 서양 의학은 죽은 사람의 절개와 장기 관찰을 통해서 얻은 지식이 살아 있는 사람의 치료와 병증의 적용에 도움이 된다고 생각했다. 물론 유기체적 사고가 없는 것은 아니었지만 서양 의학은 원자론적이고 기계적 철학에 바탕을 둔 신체관이 주를 이루었다. 때문에 죽은 사람이나 산 사람의 육체를 구성하는 원자는 기본적으로 물질이라는 데 별 차이가 없었다. 물론 영혼의 유무(有無)가 문제시되기는 했지만, 영혼은 어차피 물질이 아니었으므로 죽은 사람의 육체를 구성하는 원자 또는 원소가 살아 있는 사람과 다를 이유가 없었다. 죽은 자와 산 자의 차이는 단지 인간을 구성하고 있는 원자의 운동 여부로 파악되었다. 즉 사람을 구성하는 입자들이 운동하는 경우에 그들은 살아 있는 것이요, 그것이 멈추면 죽은 상태로 파악하였다. 서양에서 깊은 잠이 곧 죽음을 상징하는 것도 그 이유이다.

그러나 동양의 경우는 어떠한가. 앞서도 이야기했듯이 기(氣)가 빠진 사람은 비록 살아 있다 해도 죽은 사람으로 취급될 만큼 기(氣)는 동양 사상에서 중요한 요소였다.

의학에서는 더욱 중요했다. 죽은 사람은 기(氣)가 빠진 사람이고, 기(氣)가 빠진 사람의 육체는 기(氣)가 충만한 사람과는 기본적으로 다르다고 생각했다. 따라서 기(氣)의 없고 있음은 중요한 기준이 되었고 장기도 죽은 사람의 것과 살아 있는 사람의 것이 엄연히 다르다고 생각했다.

죽은 사람을 절개하고 해부하여 장기를 들여다본들 거기서 얻은 지식이 무슨 소용이랴. 죽은 사람에 대한 지식은 살아 있는 사람의 육체에 적용하거나 이용할 수 없는, 그야말로 죽은 지식이었다. 당연히 해부는 필요 없는 것이었다. 물론 인체를 해부해서 들여다보고 싶은 충동은 있었을 것이고 동양의 의학자들 가운데도 실제로 해부를 해 본 사람들이 있을 것이다.

그러나 서양 의학에서의 해부학의 위치와 비교해 보면 동양에서의 해부는 그야말로 임시적이고 호기심 차원에서 그치는 것이었다. 동양 의학에서 해부학이 관심을 가지고 본격적으로 도입된 것은 아마도 서양 의학의 영향을 어느 정도 받은 이후의 일이었을 것으로 짐작된다.


### 해부 경험자 전유형

해부학에 관심을 가졌던 인물로 조선의 경우 남인 실학자 이익을

들 수 있다. 그는 해부학과 함께 서양 의학에도 어느 정도 관심을 기울이고 있다. 그런 이익이었기에 조선에도 혹시 해부와 같은 서양 의학의 전통을 가진 사람이 없을까 역사에서 찾아보게 되었고 그에 의해 우리는 전유형이라는 인물을 만날 수 있게 되었다. 이익이 서양 학문과 의학의 방법론에 관심을 기울인 덕분에 임란 때의 전유형이 다시 한번 우리의 이목(耳目)을 끌게 된 것이다.

전유형은 양반 출신이었고 자신의 문집도 남겨 놓은 덕에 그에 대해서는 어느 정도 기록을 찾아볼 수가 있다. 1566년 명종 21년에 출생하여 1624년 인조 2년에 사망하였고 본관은 평강, 자는 숙가, 호는 학송이다. 괴산의 유생으로 있다가 임진왜란이 일어나자 조헌과 함께 의병을 일으켜 왜군 격퇴에 주력했다. 임란이 끝난 1603년에는 붕당 타파와 세자 보호 등을 포함, 시사(時事)에 관해 15조목에 이르는 상소를 올려 파문을 일으키기도 하였다.

전유형은 의술에도 조예가 있어 〈오장도(五臟圖)〉를 그렸고 광해군과 왕비의 병을 고치는 데 참여하기도 했다. 그러나 생존시 그에 대한 기록이나 그의 문집 어디에도 그가 해부를 했다는 기록은 없다. 그가 해부를 한 사실을 알 수 있는 것은 사망 후 한참 뒤인 조선 후기, 실학자 이익의 문집에서이다. 이익은 그의 문집인 『성호사설』에서 전유형이 임란 때 세 번에 걸쳐 사체를 해부했다고 언급하고 있다.

물론 전유형이 서양의 해부학적 지식에 근거해서 사람의 시체를 해부하였는지 단순히 호기심에서 해부하였는지는 아무도 모른다. 기본적으로 동양 의학의 신체관이 살아 있는 사람을 중요 대상으로 하였던 만큼 죽은 사람의 해부는 필요가 없었다. 그럼 살아 있는 사람의 해부는 도움이 되었을 것인가? 또 그렇게 생각하였는가? 물론 그렇게 생각한 사람이 있었을 것이다. 그러나 어찌 부모에게서 물려받은 소중한 신체에 손상을 입힐 수 있겠는가. 아무도 공공연히 자신의

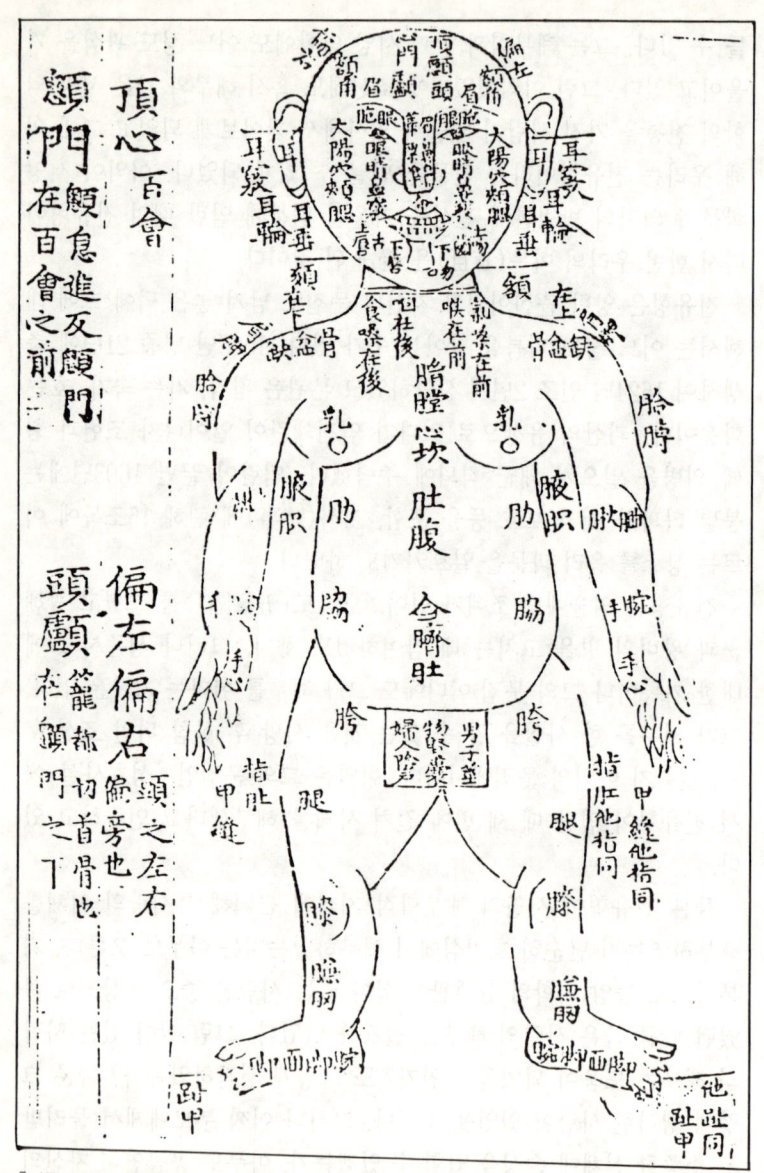

『신주무원록』의 해부도

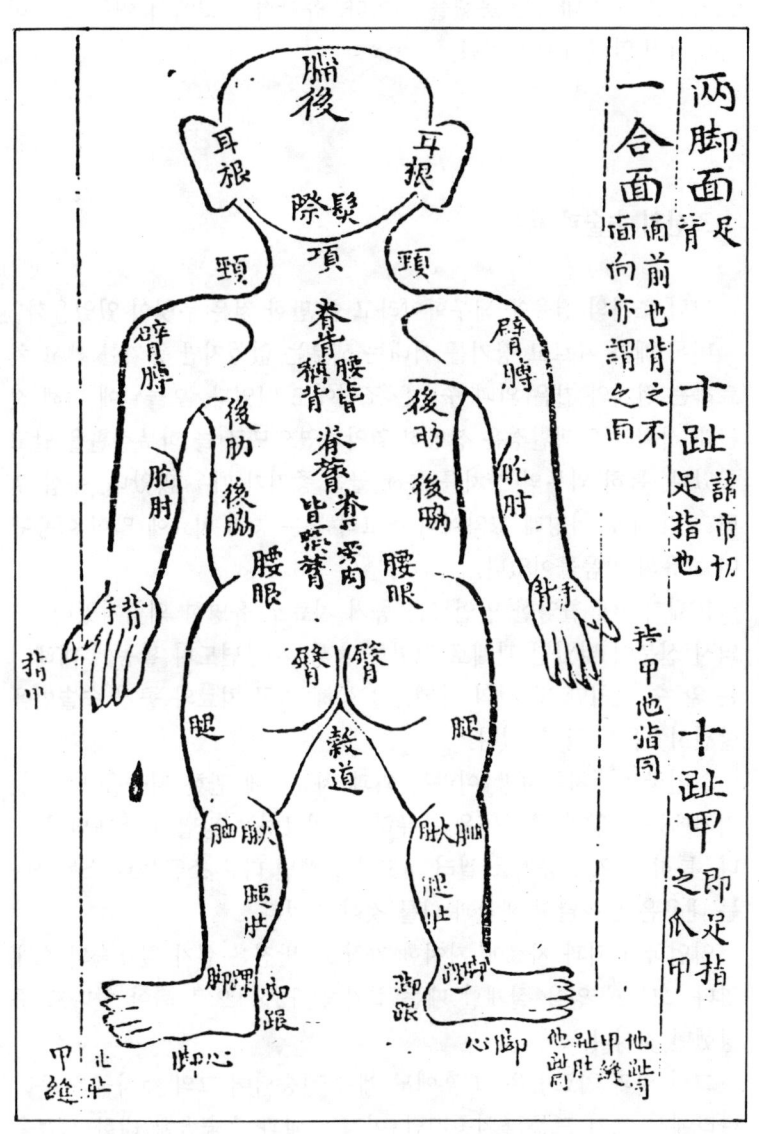

호기심을 드러내지는 못했을 것이다. 유학적 사고에서 이는 도저히 용납되지 않았기 때문이다.

### 조선의 수술과 해부

그럼 조선의 경우엔 해부학이라고 할 만한 것은 무엇이 있었을까? 비록 배를 가르고 장기를 꺼내는 해부는 없었지만 종기를 째고 치료하는 절개와 같은 외과 수술은 조선에도 있었다. 오늘날에 비해 전근대 사회의 위생환경은 상당히 열악하였으므로 늘 피부질환을 달고 살았다. 특히 외부의 상처를 통해 곪는 종기가 매우 많았다. 수십 몇 년 전만 해도 이명래 고약이니 조고약 등은 종기 치료에 많이 이용됐던 고유의 약품들이었다.

16세기경에 활약한 임언국은 종기 치료로 유명한 의학자였다. 그 역시 신분이 낮았던 관계로 정확한 출생, 사망년도나 활동에 대해서는 알 수 없지만 몇 건의 기록들을 통해 침구 치료와 종기 수술법을 발전시켰음을 알 수 있다.

임언국은 『치종비방』이라는 외과 치료법에 관한 저술을 남겼다. 거기에는 다양한 종기들을 분류하고, 치료하는 방법이 소개되어 있다. 특히 침으로 종기를 찔러 피고름을 빼낸 다음 소금물로 소독한다는 내용은 오늘날의 생각과 다를 것이 없었다.

임언국이 외과 치료에 기여한 가장 큰 발전은 십자 절개술의 소개였다. 그는 농양을 절개할 때는 십자형(+, ×)으로 해야 한다고 주장했던 것이다.

그의 외과 치료법은 그 후에도 계속 전승되어 그의 제자들은 우리나라에서 보기 드문 『치종지남』이라는 외과 수술법에 대한 서적을 출간하기에 이른다. 여기에는 수술할 때 사용하는 외용약이 19종이 소개되어 있는 등 수술과 소독 그리고 세척에 관한 많은 임상기록들이 수록되어 있다.

한편 동양 의학에서 해부와 관련하여 빼놓을 수 없는 것이 법의학서인 『무원록(無冤錄)』이다. 『무원록』은 글자 그대로 원통함이 없게 한다는 것이다. 역사상 살인 사건은 끊임없이 일어났고 죽음의 원인 규명과 공정한 법 집행을 위해 『무원록』은 시체 부검 표준서로 이용되었다. 그러나 서양의 부검방법이 배를 가르고 장기를 절개하는 것이었다면 동양에서는 절대로 배를 가르는 일이 없었다. 독살 여부를 추정하는 방법도 상이했다. 서양에서는 위를 해부하였고 동양에서는 밥알을 시체의 입에 물려 푸르게 변하면 독살로 간주했던 것이다.

이처럼 서양 의학과 동양 의학이 다른 모습을 보인 것은 단순한 기술상의 차이가 아니라 전통적인 철학적 해석의 차이에서 기인한 것임을 알 수 있다.

### ☞ 다 함께 생각해 봅시다

동양 의학과 서양 의학은 인간에 대한 철학이 달랐기 때문에, 의학 발달과정에서 서로 다른 양상을 보였다. 그 가운데 대표적인 것이 해부의 전통이다.

해부학이 동양 의학에서 발달하지 못한 이유는 무엇이고 그 결과가 동양 의학 발달에 손해가 되었는지 이득이 되었는지 다 함께 생각해 보자.

# 우리 것이 좋은 것이여
허준(許浚)

조선 후기의 의학에서는 종래 한의학의 관념적인 단점을 극복하고, 실증적인 태도에서 의학 이론과 임상의 일치에 주력하였다. 17세기 초에 만들어진 허준의 『동의보감』은 우리의 전통의학을 정립한 것으로 의료지식의 민간 보급에 공헌하였다.

허준의 동상

## 허준의 생애

'허준'이나 『동의보감』은 그것을 소재로 한 소설이 베스트 셀러에 오르기도 했을 정도로 우리에게 많이 알려진 의사요, 의학서이다. 그러나 『동의보감』이 저술되었던 당시의 상황이 어떠했으며 의학의 역사 속에서 허준이 어떠한 위치에 있었는지에 대한 '사실(史實)'을 알고 있는 사람은 그리 많지 않다. 일반인들이 사실로 믿고 있는 내용 중에도 실제와는 전혀 다른 것이 상당히 많은데 이는 소설『동의보감』이 널리 읽히고 사람들이 그 내용을 그대로 역사적 사실로 받아들였기 때문이 아닌가 한다.

허준(許浚)은 1546년, 지금은 서울의 양천구에 속하지만 그 당시에는 경기도 양천이었을 가양동에서 무반(武班)의 서출(庶出)로 태어났다. 조선 사회에서 서자(庶子)라는 신분은 많은 제약을 의미했고, 허준이 의학을 공부하게 된 데에는 그의 이러한 처지가 중요한 요소로 작용하였다. 서출은 과거를 보기도 어려웠고, 설령 볼 수 있다 해도 무과(武科)나 잡과(雜科)에만 응시할 수 있었던 것이다.

집안 대대로 내려오는 몇 권의 의서(醫書)를 읽고 흥미를 느낀 허준은 의사가 되어 조선 의학에 일대 혁신을 가져오기를 꿈꿨다. 그러나 일개 의원으로서 그런 원대한 꿈을 이루기는 거의 불가능하였다. 당시에는 중앙의 의료기관에 있지 않고서는 중요한 의서를 볼 수 없었기 때문이다. 전래의 의학서와 중국에서 새로 수입된 의술관계 책들을 보려면 내의원 같은, 정부가 운영하는 큰 병원에서 근무해야만 했다.

당시의 의원들은 대부분이 의학 서적을 통해서 의술을 전수받기보다는 스승으로부터 직접 전수를 받는 도제적(徒弟的) 관계에 있었다. 오늘날과는 달리 의사란 일개 기술자에 불과했고, 사회적 대우도 좋지 못했다. 당연히 의사직을 지원하는 것은 신분이 별로 좋지 않은 사람들뿐이었다. 대부분의 의사들이 한문을 읽을 줄 몰랐고 간혹 의과에 합격한 의사들도 병원에서 실시하는 정기적인 시험에 필요한 의서를 외우기만 할 뿐 더이상 어려운 한문을 들여다보려 하지 않았다.

따라서 어려서부터 양반 문화의 언저리에서 글을 익혀 의서를 직접 읽을 수 있는 문자적 소양을 갖추고 있던 허준은 동료 의사들에 비해 의학 이론을 이해하고 그 발전을 꾀하는 데 매우 유리한 입장에 있었다.

남은 길은 의과 시험에 합격해서 내의원과 같은 중앙의 의료기관에 들어가는 것뿐이었다.

## 조선 시대의 병원들

전기 이래로 조선 정부는 경복궁 안에 내의원이라는 왕실 의료기관을 두었다. 내의원은 경복궁 안에서도 왕의 침실 가까운 곳에 위치해 있었다. 이는 왕이나 왕실에 긴급한 사고가 생기면 재빨리 의사를 동원할 수 있도록 하기 위해서였다.

물론 아픈 사람이 왕실에만 있는 것은 아니었으므로 내의원과 함께 활인서와 같은 민간 의료기관을 서울 외곽에 두었다. 남대문과 동대문 밖에 각각 서활인서와 동활인서를 두었는데, 그 성격은 현재의 국립의료원인 셈이다. '활인원'이란 백성을 살린다는 뜻으로, 주로 기근이 들어 유리민들이 서울로 들어오거나, 전염병이 유행할 때 환자들을 격리 수용하는 역할을 하였다.

한편 서울의 성 안에는 혜민서라는 병원을 두었다. 혜민서는 도성 내의 사람, 주로 양반들이 이용하였다. 지금의 청계천 주변, 서울 한복판에 있었던 혜민서는 서울 안의 어디서든지 가장 가까운 곳에 위치하고 있었다.

조선 시대에는 중요한 의료기관과 의학기관이 서울에 거의 다 모여 의학의 중심을 이루었다. 따라서 의학을 공부하고 의업을 전수받고자 했던 사람들의 대부분은 서울을 중심으로 활동할 수밖에 없었다. 지금도 그렇지만 옛날에는 지식의 수도 집중현상이 더욱 심하였다. 특히 새로운 의학과 의술을 접하는 것은 국가 의료기관의 의사들에게나 가능한 일이었다.

허준의 경우도 예외가 아니었다. 틈나는 대로 서울의 의학기관에 있는 의원들을 찾아다니며 의술을 공부했고 20대에 이미 서울의 양반들 사이에서는 허준의 의술이 뛰어나다는 칭송이 자자하였다. 실력을 인정받은 그는 자주 사대부가에 왕진을 다니게 되었다. 이처럼 국가의 의료기관에서 관리로 일하기 전에 벌써 그의 의술은 서울 주변에서 널리 인정받고 있었다.

아마 허준은 서울에 가깝게 살면서, 10대 이후에 서울에 거주하는 내의원 어의(御醫) 양예수의 지도와 교습을 받았던 것으로 생각된다. 당시 양예수의 의학은 조선 최고의 신지식으로 그의 저서인 『의림촬요(醫林撮要)』속에 집대성되어 있다.

### 허준 의학의 참 모습

잠시 눈을 돌려 조선 시대 의학 일반에 대해 살펴 보자.

고려 말, 조선 전기에는 주로 금나라와 원나라를 통해 새로운 유학[新儒學]과 함께 새로운 의학도 수입되었다. 그리고 조선 건국 후 약 100여 년 동안에는 명나라로부터 새로운 의학이 도입되었다.

그런데 고려 말, 조선 초에 도입된 금, 원의 의학 학설과 새로이 명나라에서 도입된 의학 학설간에 약간의 차이가 나타나기 시작하였다. 따라서 양예수와 허준이 활동할 무렵인 16세기 중·후반은 양 학설간의 혼란을 정리하고 새로운 학설을 정립할 필요성이 제기되던 시기였다.

이 일을 먼저 추진한 사람은 양예수였다. 그의 저술인 『의림촬요』는 당시 의학의 문제를 밝혀 주고 나아가 앞으로의 연구에 대해서도 어느 정도 방향을 잡게 해주는 입문서였다.

이런 양예수의 지도를 받은 허준은 당시까지 도입된 새로운 의학과 옛 의학간에 발생하였던 의학상의 문제를 잘 알 수 있었다. 『동의보감』은 허준이 양예수의 문제를 이어받아 새로운 의학의 정리를 계속 추구하며, 그 결과를 정리한 의서(醫書)였다. 사실 소설 『동의보감』에 나오는 허준과 양예수의 극단적 대립은 소설이기에 가능한 것이다.
 양예수가 중국에서 새로운 의학을 전수 받아 기존의 학설을 정리하려 했다는 점은 다음과 같은 전설을 통해서도 알 수 있다.

 어느 해엔가 양예수가 사신을 따라 중국엘 가게 되었다. 중국으로 가는 사신길은 멀고도 힘든 길이었기 때문에 의사가 따라가는 것이 관례였다. 의사들은 이 수행을 중국의 선진의술을 익혀 오는 기회로 삼았다. 하루는 길을 가다가 밤이 되어 노숙을 하는데 호랑이 한 마리가 나타나 양예수를 데리고 가더니 새끼들을 치료해 달라는 시늉을 하였다. 새끼들을 살펴보니 한 마리가 다리가 부러져 있어 치료해 주었다. 어미 호랑이는 감사하다는 표시를 하고는 검은 돌 하나를 그에게 주었다. 중국에 가서도 그는 그 검은 돌이 무엇인지도 모르는 채 지냈다. 그러다 중국에는 박식한 사람들이 많다기에 그 돌을 보여주고 물으니 놀라며 말하기를 "이것은 주천석(酒泉石)이라는 것이외다. 이 돌을 물에 넣으면 물이 모두 술로 변하는 진기한 보배이외다"고 하였다.

 우리는 어른들이 '약주(藥酒)'라고 말씀하는 것을 흔히 듣는다. 술이면 그냥 술이지 왜 약술일까? 예전에는 술을 약으로 복용하였다. 또는 약을 물로 먹는 것보다는 술에 타서 먹음으로써 효과를 더 증대시켰다. 물에는 녹지 않지만 알코올에는 녹는 화학요소들이 많다는 것을 경험적으로 알고 있었던 것이다. 물을 술 즉 약으로 변화시키는 보물은 의원이었던 양예수에게는 상징적인 선물이 되는 것이다. 중국에서 그 선물을 받았다는 전설은 그만큼 양예수의 의학이 중국의 선진의학을 기초로 하고 있었음을 암시한다.
 허준의 의학은 이러한 양예수의 이론을 이어받으면서 거기서 한 발 더 나간 것이었다. 그는 '양생(養生)'이라는 의학의 기본을 정수로 하여 중국의 의서와 조선의 전통의학을 일대 정리하는 쾌거를 마련했다. 이것은 양예수와 같은 훌륭한 스승과 '남(藍)보다 더 푸른' 허준의 노력이 결합된 결과였다.

그러나 『동의보감』에 대한 평가를 단지 조선 전기의 흐름을 이어받아 의학 이론을 정비하였다는 점에만 둔다면 허준의 의서를 너무 과소평가하는 것이 된다.

### 허준 의학의 사회사

허준이 살았던 16세기 후반에서 17세기 전반기는 일본과 두 차례의 전쟁을 치렀으며 또 이상기후 현상이 발생하는 등 생태학적 환경이 악화되어 있었다.

16세기 후반에는 여름철 왜란이 계속되었고, 모기로 인한 학질 등의 열병이 광범위하게 전염되었다. 또 17세기 초반에는 수재(水災)와 한재(旱災), 냉해(冷害)가 번갈아 발생하는 이상기후 현상이 나타나기 시작하여 성홍열이나 인플루엔자 같은 겨울철 역병이 널리 만연하였다. 겨울철 역병의 경우에는 그 치명도가 여름철 전염병보다 더 심했다.

임란 복구를 서둘렀던 조선 정부는 이에 대한 대비책을 강구하게 되었다. 당시 의학자였던 허준은 정부의 명을 받아 이러한 역병에 대비한 의서를 저술했다. 『신찬벽온방(新撰辟瘟方)』, 『벽역신방(辟疫神方)』 그리고 전염병 의서를 알기 쉽게 한글로 풀이한 언해본 의서들이었다. 물론 이 의서들의 내용은 그의 대표적 의서인 『동의보감』에서 일관되게 정리되고 있다.

『동의보감』에는 백성들을 위한 의료체계가 마련되어 있었다. 약

처방시에도 백성들의 경제적 요건을 고려, 비싼 약재가 아닌 주위에서 쉽게 구할 수 있는 약재들을 사용하였다. 『동의보감』의 탕액편 즉 약물학에 해당하는 부분을 보면 188여 종의 한국산 약재를 기술하고 있다. 당시 중국산 약재가 고가(高價)였던 데 비해 쉽고 싸게 이용할 수 있는 것들이다.

또 허준은 처방전 약재의 가짓수가 많기 때문에 약값이 비싸진다고 비판하면서, 약재의 가짓수를 줄이는 노력도 동시에 하고 있다. 『동의보감』은 이렇게 의학의 대중적 확산에도 기여하였다.

이처럼 허준의 의서는 조선 전기 이래 수입되었던 신의학(新醫學)의 학설상 문제를 정리하여 조선 후기 의학발전의 토대를 마련하는 동시에 일반인을 위한 의학의 확대 보급에도 큰 역할을 하였다. 따라서 허준 사후 한동안은 『동의보감』을 요약하거나 이용하기 편리하게 정리한 다이제스트 판이 양산되었다.

이 다이제스트 판들은 조선 후기 의학자 중인층의 형성을 촉진하였던 의학 지식의 확산을 가능케하였고, 이는 결국 의료의 대중적 전파에 크게 기여하였다.

『동의보감』은 그 체계와 이론상의 정비가 매우 훌륭하였기 때문에 일본이나 중국으로까지 수출되어서 의학수업의 교재로 사용되기도 했다. 조선에서 출간된 서적으로 외국에까지 널리 알려진 서적이 그리 많지 않았던 것을 볼 때 『동의보감』의 우수성을 잘 알 수 있다. 1763년에는 중국에서도 『동의보감』이 간행되었는데 그 서문에서 중국학자는 다음과 같이 『동의보감』을 칭찬하였다.

　　책의 이름이 '보감(寶鑑)'이었던 것은 이 책이 마치 경루에 비추어 보듯이 사람을 환하게 알 수 있게 해주기 때문이다. 중국에서 의학서적이 나온 이후로 그 수가 헤아릴 수 없을 만큼 많으나 혹 치료효과가 있기도 하고 없기도 하였다. 그런데 『동의보감』은 지금까지 나온 의학책들의 부족한 점을 보충하고 누구나 건강을 유지할 수 있게 하였으니 이를 보급하는 것은 천하의 보배를 나누어 갖는 것이다.

현재까지도 『동의보감』은 한의학의 기본서로서 그 명맥을 두터이 하고 있다. 허준과 같은 훌륭한 의학자를 조상으로 둔 한국인이 노벨 의학상을 타기에 조금도 부족하지 않은 자질이 있다고 한다면 너무 국수적이라고 지탄받을까?

☞ **다 함께 생각해 봅시다**

최근 우리는 『소설 동의보감』이라는 흥미 있는 책을 읽을 기회가 있었다. 소설이 가지는 재미는 역사의 사실과는 다른 측면이 있다. 가령 유의태를 허준의 스승으로 설정한 소설의 오류는 결정적이다. 유의태는 허준보다도 후대의 인물이기 때문이다. 역사 소설과 역사의 차이는 무엇일까, 또 역사상 허준의 진정한 모습은 무엇일까를 정리해 보자.

# 국력의 재정비와 과학 기술

모내기를 하자—신속
하늘을 아는 자 누구인가—송이영
아이고, 어려운 수학—최석정과 홍정하

손님은 왕이다

## 모내기를 하자

신속(申洬)

15세기의 벼농사는 수전이나 한전을 막론하고 볍씨를 뿌린 땅에서 그대로 키우는 직파법이 일반적이었고 못자리에 모를 길러 논으로 옮겨 심는 이앙법은 남부 지방 일부에만 보급되었을 뿐이었다. 그러나 17세기 이후에 이르러서는 농민들은 정부의 금지령에도 불구하고 이앙법을 일반화시켜갔다. 이앙법은 직파법에 비하여 노동력을 덜어주고 수확량을 증대시켰다. (중략) 이앙법의 보급으로 노동력을 덜게 된 농민들은 1인당 경작면적을 보다 넓혔다. 그리하여 부지런한 일부 농민들은 경작지의 규모를 확대하여 광작(廣作)을 할 수 있었다. (중략) 자작농의 경우는 물론 소작농도 더 많은 농토를 경작할 수 있어서 차차 경제적 여유가 생겨났고 그 결과 농민 중에 경영형 부농도 생겨났다.

## 신속과 『농가집성』

『농가집성(農家集成)』은 1655년 신속(1600~1661)이 편찬한 농서로 제목에서 말해 주고 있듯이 농서들을 모은 책이다. 그럼 어떤 농서들이 모아져 있을까.

먼저 서문격으로 송시열의 글과 세종대왕의 권농문(勸農文)이 소개되어 있다. 이어서 본격적인 조선 시대 농서와 신유학(新儒學)의 시조라고 추앙되는 주자의 권농문이 있다.

조선 시대의 농서로는 『농사직설』, 『금양잡록』, 『사시찬요초』 등이 수록되어 있는데 물론 그대로 복사하여 기록한 것은 아니고 그 동안 기술상의 변화 발전을 증보하였다. 가령 『농사직설』에서는 별로 크게 다루지 않았던 이앙법 즉 모내기 방식이 『농가집성』에는 다양하게 소개되어 있다.

신속은 누구일까? 그는 선조에서 현종 대를 살다간 문신으로 호는 이지당(二知堂), 자는 호중(浩中)이었다. 친아버지는 신경락이었지만 신속은 일찍부터 친척이었던 신경식의 양자(養子)로 들어갔다. 과거에 계속 낙방하던 그는 느지막한 나이에 음직(陰職)으로나마 6품이라는 낮은 직에서 관직생활을 할 수 있었다. 주로 호조에서 일을 하면서도 과거를 포기하지 않고 꾸준히 노력하여 1644년, 45세 때 문과에 급제하였다. 문과에 급제한 이후로는 비교적 순탄한 관직생활이 전개되는 듯했다.

그러나 어렵게 얻은 관직생활에 폭풍이 몰려왔다. 그의 외숙(外叔)이었던 김자점(金自點)이 정치적 사건에 연루되어 처형당한 것이다. 신속은 이 일로 인하여 지방의 목사로 전전하는 정치적 어려움을 겪었다. 조선 시대에는 연좌제라고 해서 친척 중 누가 죄를 지으면 주변의 가까운 친지들도 곤란을 당하였다. 일종의 연대책임제인 것이다. 특히 정치사건에는 연좌제가 더욱 엄격하게 적용되었다.

그의 외삼촌이었던 김자점은 병조좌랑으로 있으면서 인조반정에 참여하였다. 광해군의 무례(無禮)한 정치를 보다 못한 인조와 주변의 동조세력이 정치적 변혁을 이루어 광해군을 몰아내고 인조를 왕으로 세운 것이 인조반정이다. 김자점은 인조반정에 가담한 공으로 1등공신이 되었고 손자 김세룡이 왕가의 공주와 결혼함으로써 왕실과 가까이 지낼 수 있었다. 그러나 자기의 지위를 과신한 김자점은 왕실의 일에 개입하여 왕자들을 유배 보내는 등 권세를 휘둘렀다. 그러나 권세란 허무한 것이었다. 효종이 즉위하면서 김자점은 이 일로 파직당하고 만다.

당시 청나라는 만주지역을 통일하고 명을 공격하기 위한 준비를 하고 있었다. 청은 조선이 명과 돈독한 외교관계에 있음을 알고 조선을 먼저 공격할 생각을 갖고 있었다. 이러한 분위기를 틈타 파직에 앙심을 품은 김자점은 오히려 조선이 청나라를 침범하려 한다는 밀고를 청나라에 보낸다. 이 같은 반역행위가 드러나 김자점은 유배지에서 사형당한다.

외숙의 죽음은 신속에게 정치적 시련으로 다가왔다. 특히 북벌 대열에 앞장섰던 송시열과의 관계를 정상화하는 문제는 큰 어려움이었다. 송시열은 당시 최고의 정치적 권세를 누리던 인물이었기 때문이다.

신속은 『농가집성』의 서문을 송시열에게 부탁했다. 정치적 화해의 제스처였다. 송시열은 서문에서 '권세에서 밀려났다가 다시 살아난 사람이 농서를 저술한다는 것은 쉬운 일이 아닐텐데 이렇게 훌륭한 농서를 저술하였다'고 의미 있는 말을 함으로써 신속과의 관계 정상화를 암시하고 있다. 어쨌든 신속에게는 당시 농학의 정리가 국가적으로 중요한 사업이었던 만큼 농서들을 정비하여 복권의 기회로 삼았던 것이다.

물론 정치적 화해만이 『농가집성』을 저술하게 된 배경은 아니었다. 실제로 『농가집성』은 당시의 농업상태를 잘 파악하고 대비하였다. 앞서 말한 바와 같이 『농가집성』은 여러 가지 농서를 모아 편찬한 것이다. 따라서 부득이하게 단일 농서로서 가져야 할 체계성이 약간 모자라는 점이 있다. 가령 벼농사에 대한 내용도 한 부분에 정리되어 설명되지 않고 『농사직설』과 주자의 권농문, 『금양잡록』등 여기저기에 혼재되어 있다. 부분적으로 중복되는 내용도 있고 각각의 작물들을 설명하는 데 내용의 많고 적음의 차이도 크다.

그러나 이앙법을 중심으로 하는 농사법의 증보는 당시의 경제조건을 잘 이해한 훌륭한 부분이다. 『농가집성』은 농사법이 정착하는 과정을 잘 보여주는 농서로, 신속은 조선의 부흥을 위한 농업 기술상의 변화를 추구하였고 그 과정에서 이앙법을 적극 권장하였던 것이다. 『농가집성』의 역사성도 바로 이앙법의 적극적 보급에서 찾을 수 있다. 그러면 이 당시 이앙법으로 대변되는 새롭고 보다 효율적인 농사법이 강구된 배경은 무엇일까?

조선 후기, 임진왜란과 병자호란 등 두 번의 전란을 치른 조선 정부는 다시금 국가의 모습을 갖추려고 많은 노력을 기울였다. 먹는 것이 풍족해야 정치가 잘 되는 것은 당연했고 때문에 농사짓는 법이 집중적으로 연구되었다. 당시 조선은 전쟁을 치르면서 인구가 많이 줄어 있었고 전쟁기간 동안 백성들의 이동이 많아 농토관리가 제대로 이루어지지 않았다. 농민이 감소하고 농지가 제대로 관리되지 못했던 당시로서는 노동력을 효과적으로 사용하는 방법이 주로 연구되었다. 신속이 관심을 기울인 이앙법은 최고의 노동절약적인 농사법이었다.

## 농사를 지어 보자

요즘 도시에서 자라난 사람들은 농사일에 대해 전혀 모르는 경우가 허다하다. 전통적으로 농사짓는 방법은 다음과 같은 순서로 진행된다.

첫번째 과정은 객토라고 하여, 땅을 갈아엎어 주는 것과 거름 넣는 과정이다.

곡식이 잘 되려면 우선 땅이 기름져야 한다. 객토와 거름 주기는 토양을 기름지게 하는데 필수적이다. 객토는 간단히 말하면 농사를 지어서 지력이 상실된 농토에다가 새흙을 넣어 주는 것으로 오늘날에도 많이 쓰이는 방법이다. 객토는 논 갈기 직전이나 거름 넣기 전에 하는 것이 좋다.

거름은 외양간 안에 볏짚, 풀 등을 깔아 말이나 소가 겨우내 이것을 밟아두면 봄에 거두어다가 사람, 가축의 분뇨를 섞어 만든 퇴비를 썼다. 이밖에 아궁이에 나무를 때고 남은 재나 누에똥 등도 거름으로 쓰여졌다. 수십 년 전만 해도 거름으로 쓸 인분(人糞)을 사기 위해 돌아다니는 사람들이 꽤 있었다. 조선 시대에는 인구가 적었던 관계로 인분은 매우 귀한 거름이었다. 따라서 서로 인분을 많이 확보하려고 갖은 애를 썼다. 화학비료가 나온 오늘날의 입장에서 보면 우스운 일이지만, 당시로서는 중요한 문제가 아닐 수 없었다. 이렇게 구한 거름들은 대개 논을 갈기 이전에 넣어 주었다.

객토와 거름 주기가 끝나면 땅을 갈아 주어야 한다. 이는 씨앗을 심기 위한 기초 작업이고 지력회복에도 도움이 된다. 고대에는 굴봉이나 따비 등을 사용하였으나 점차 축력(畜力)을 이용한 쟁기 등이 나오면서 논갈이가 쉬워졌다.

논갈이가 끝나면 가래질이 남는다. 논농사는 물이 부족하면 망치기가 십상이므로 물이 부족하지 않게 또 새어나가지 않게 하기 위해

김윤보(金允輔)의 풍속화(19세기 말)

논갈이

모내기

김매기

벼베기

논 사이사이에 물길을 만들고 논둑을 만들어 준다. 가래질이란 겨울을 지나면서 무너져 내린 논둑을 새로 농사를 시작하기 전에 보수하는 일이다. 보통 세 사람 정도가 협동으로 일을 하는데, 가래라고 하는 긴 나무막대에 넓죽한 유자(U)형의 나무판을 붙이고 그 날에는 쇠 등 금속을 대서 튼튼하게 만든 다음 바닥 양쪽에 구멍을 내서 끈을 묶어 사용한다.

### 이앙법의 효과

이런 농사짓는 모습은 조선 전기와 후기가 크게 다를 것이 없다. 그러나 이앙(移秧)을 하는 경우에는 많은 차이가 난다. 이앙법은 글자 그대로 모를 다른 모판에 심어 두었다가 본논에 이식하는 방법이다. 조선 전기에는 바로 본논에다가 볍씨를 뿌렸지만 이앙법이 널리 보급된 후인 조선 후기에는 농가(農家)에 모판을 만들고 관리하는 일이 더 추가되었다.

못자리는 대개 본논 10분의 1 정도 넓이의 물대기 편한 농지를 골라 만든다. 우선 사방에 둑을 만들어 물을 대고 쟁기로 간 다음 써레로 잘 삶아 주고(부드럽게 흙을 갈아 주고) 다시 써레 번지질을 한다. 그리고 씨 뿌릴 모판 사이에 골창을 만들고 골창의 흙을 못판 위로 쳐 올려서 평평하게 고른 다음 물을 뺀다. 하루, 이틀이 지나 땅이 꾸둑꾸둑해지면 다시 물을 대고 볍씨를 뿌린다. 이때 사용하는 볍씨는 실한 것으로 미리 준비를 해 놓는다. 모가 튼튼하게 자라게 하기 위해 볍씨를 소금물에 담가두기도 하고, 12월 섣달 첫눈을 받아 그 녹인 물에 담가 두기도 했다.

다음은 본논에 옮겨 심는 모내기[移秧]이다. 모내기를 하는 시기는 지역에 따라 약간의 차이가 있지만 대개 모판을 꾸민 후 40～50일 만에 한다. 본논은 봄에 잘 갈아서 물을 충분히 대 두었다가 모내기를 하기 며칠 전에 잘 갈아준다. 그리고 모 심기 하루 전에 써레로 세심하게 삶아준 다음 모를 옮겨 심는다.

  모내기는 많은 사람들이 줄을 맞추어 노래를 부르면서 흥을 돋는 가운데 행해졌다. 모내기와 같이 노동력이 많이 필요한 농사일에서는 서로 번갈아 도와주는 품앗이를 했는데 이것이 두레와 같은 지방의 노동조직이었다.

  그럼 이렇게 번거로운 모내기를 왜 했을까. 그 이유는 논매기 과정을 보면 분명해진다. 논매기란 일종의 제초와 복토를 겸하는 것으로, 이앙을 하고 15～20일쯤 지난 후에 논의 잡초를 제거하고 벼 주위의 땅을 벼에 북돋아 준다. 보통 서너번은 해 주어야 하는 잡초제거에는 엄청나게 많은 일손이 필요했다. '벼싹이 사람의 노력을 안다'는 말이 나올 정도였다.

  그러나 모내기를 하면 벼들이 질서정연하게 한 줄로 늘어서 있게 된다. 물론 3～4번의 김매기가 힘들기는 해도 불규칙하게 뿌려 놓은 조선 전기의 논보다는 노동력의 소모가 훨씬 덜했다. 이앙법을 도입함으로써 노동력을 절약할 수 있게 된 것이다.

  그럼 이제 남는 노동력으로 무엇을 할 것인가. 부지런한 농민들은 황무지를 개간한다거나, 상품이 될 만한 벼 이외의 작물, 가령 담배, 야채, 한약재로 쓰이는 식물들을 심어 돈을 벌 수 있었다.

  조선 후기에는 광범위한 이앙으로 많은 노동력 절감 효과를 보았고 이로 인한 여유 노동력은 다른 작물을 경영하거나 광작(廣作)이라고 하는 대토지 개간에 쓰여졌다. 동시에 상품이 되는 작물만을 전문적으로 재배하는 전문 농업인도 등장하였다. 예를 들어『농가집성』에는 목화만을 전문적으로 심는 방법이 소개되어 있기도 하다.

  이렇게 조선 후기에 가면 대토지 경영[광작]의 농사법이 등장한

다거나 한 가지 상품작물을 재배하는 전문경영의 농사꾼이 등장하였다. 그들은 많은 돈을 벌 수 있었고 양반 부럽지 않은 부자농사꾼[富農]이 됐다. 이들이 나타나면서 조선 후기사회는 새로운 변화의 모습을 보이게 된다.

### ☞ 다 함께 생각해 봅시다
　이앙법의 보급으로 대표되는 농법의 발달은 조선 후기사회의 근본을 변화시키는 결과를 낳았다.
　기술의 발달, 나아가 과학의 발달이 사회에, 사회 속의 인간의 삶에 어떤 영향을 미치는지에 대해 생각해 보자.

# 하늘을 아는 자 누구인가

송이영(宋以穎)

조선 후기에 서양의 문물을 접할 수 있던 길은 중국을 통해서였다. 조선에서 중국에 파견되는 사신의 왕래는 해마다 여러 차례 있었다. 사신들은 베이징에 머물면서 당시 선교 활동을 위해 중국에 와 있던 천주교 선교사들을 만날 수 있었는데, 선교사들은 천문, 역법, 지리, 수학 등 여러 과학 부문에 능통하였다. 그리하여 사신들은 이들로부터 서양의 과학 지식과 문물을 받아들일 수 있었던 것이다. 서양 문물은 국내 지식인 사이에 전파되어 학문적 호기심의 대상이 되었다. 중국을 통해 전해진 천리경, 자명종, 화포, 천문, 역법, 천주교 관계의 서적 등은 커다란 반응을 불러일으켰다.

## 천문기구 정비의 필요성

지금 적군의 기마가 압록강을 넘어 평양으로 향한다. 적의 군사는 대략 2만이다. 산꼭대기의 봉화는 다급히 서울을 향하여 적의 기습을 알린다. 봉화가 한 개이면 적의 움직임이 둔한 것이요, 그 수가 많으면 많을수록 적의 움직임이 빠르고 기세가 대단하다는 표시였다.

때는 바야흐로 17세기가 시작된 지 몇십 년이 지난 1628년. 청나라 완옌부 추장 누루하치는 만주족을 통일하고 중국의 본토를 점령하는 동시에 조선으로 그 기세를 향하였다. 명나라를 받들던 조선을 배후에 두고 명을 공격하기에는 무언가 꺼림칙하였던 것이다. 병자호란은 이렇게 해서 일어났다. 국왕은 척화를 주장하는 문신들과 함께 남한산성에서 항전하였지만 결국 적의 세력을 감당하지 못하고 무릎을 꿇는 치욕을 당했다.

조선의 유학자들과 국왕은 치욕과 함께 놀라움을 느껴야 했다. 오랑캐로만 알았던 청나라가 문화국 조선을 이렇게 무참히 짓밟다니. 칼 앞에서는 도덕도 아무 소용이 없다는 것인가. 조선의 학자들은 자기반성을 시작하였고 도덕적 명분을 강화함으로써 외교적 위협에 대응하면서 안으로는 무너진 국가의 위상을 회복해 나갔다.

이러한 과정에서 무엇보다 중요했던 일은 국왕의 존재를 다시금 국민들에게 알리는 것이었다. 하늘이 조선의 국왕을 저버리지 않았음을 알리기 위해서는 천문현상 그러니까 하늘의 무늬와 글(天文)을 읽는 것이 필수적이었다. 혼천의와 간의 같은 천문 관측기구의 재정비가 이즈음에 시도된 것은 우연이 아니다.

한편 17세기에는 전 세계적으로 이상기후 현상이 자주 발생하였다. 서양의 학자들은 이를 두고 '소빙기 기후 현상'이라고 말하기도 한다. 작은 빙하기가 도래했다는 말이다.

조선도 예외가 아니어서, 잦은 폭설과 저온 현상이 나타났다. 여름

철에 눈이 내리기도 했고, 때이른 서리가 내려 곡식을 망치기가 일쑤였다. 특히 전국을 휩쓴 저온 현상으로 곡식이 익기도 전에 낟알이 모두 땅에 떨어져 농사에 치명적인 손해를 입었다. 결국 수확량은 감소하였고 제대로 먹지 못한 백성들은 각종 질병에 걸렸다. 천연두, 열병 등이 17세기 전반을 전후하여 급격히 증가했던 사실이 이를 잘 보여주고 있다.

조정은 기후 변동에 민감할 수밖에 없었다. 이러한 상황에서 국가의 위신을 바로 세우고 백성들에게 국왕의 권위를 심어주기 위해서는 관측기구의 정비가 필요했다. 저온 현상에 실제적으로 대비하기 위해 천문 기상 현상을 관측하고 예측하는 일 역시 중요시되었다.

### 천문기구의 원리

이때 천문 관측기구를 만들어 탁월한 과학, 기술적 솜씨를 발휘한 사람이 바로 송이영(宋以穎)이다. 고려대학교 박물관에는 그가 만들었다고 하는 천문관측 유물이 남아 있다. 송이영은 어떠한 이론적 기반에 입각해서 천문 관측기구를 만들었을까?

중국과 조선의 천문학에서는 하늘을 귤과 비슷한 형상으로 파악하였다. 귤 꼭지가 천극에 해당되고 이 천극(天極)을 중심으로 하늘을 28개의 귤조각처럼 분할하였다. 이것이 28수(宿)이다. 주로 적도를 중심으로 하는 28개의 별이 주목되었고, 28수를 중심으로 하여 다른 별들을 관측하고 위치를 파악하였다. 물론 북극성이 가장 중요시되었다. 북극성은 황제나 제왕의 자리로 생각되었기 때문이다.

밤하늘의 무수한 별들을 관측하는 기계들은 몇 가지 고리[環]로 구성되었다. 좌표에 별을 표시하기 위해서는 간단한 기준이 필요했

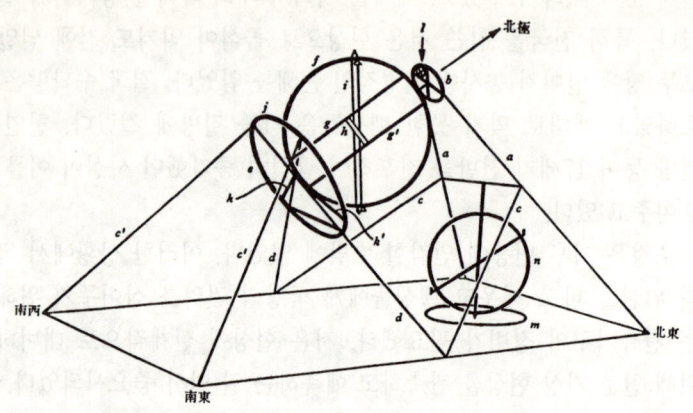

기 때문에 적도를 표시하는 고리와 자오선을 표시하는 고리 두 개로 먼저 구성한 다음, 기계 안에 관측통을 설치하였다.

위 그림은 중국의 곽수경이 만들었다는 관측 기계로 위의 상황을 잘 보여준다. 먼저 관측자가 북극성을 확인하기 위하여 왼쪽 아래에 서서 적도 표시의 고리 중심에 북극성이 오도록 맞춘다. 그 다음에 가운데 직선으로 있는 관측통을 (f)고리 안에서 회전시키면서 별들을 관측한다. 그리고 북극성과의 각도를 측정하여 별의 기준위치를 잡는 것이다.

물론 이 같은 간단한 기계장치[간의(簡儀) : 간략한 천문기구]는 야외에 설치하고 밤하늘을 관측하는 실질적인 관측용 기구였다. 이러한 간의 중에는 수력을 이용하여 움직이도록 해서 시시각각으로 변하는 별들의 움직임을 표현하도록 만든 것도 있다.

조선에서도 이 같은 장치가 세종대왕 때 만들어졌다. 그러나 17세기에 이르면 보다 복잡한 기계장치를 부착해서 수력에 비해 효과가 높은 추의 동력을 이용하였다. 그리고 천문 현상을 그대로 표현한 천문 시뮬레이션 기구를 만들기도 하였다. 이는 관측용이 아닌 임금이 방안에 두고 그때그때의 천문 상황을 볼 수 있도록 고안, 제작된 자동으로 작동하는 장치였다.

## 송이영의 천문시계

17세기 천문 관측기구와 역법의 정비는 인조대 이후 청나라를 통한 서양 천문학의 자극과 효종대 김육에 의한 시헌력법의 도입 등으로 가속화되었다.

효종 3년(1652) 3월 관상감 천문관이었던 김상범(金尙范)이 북경에서 공부하고 돌아와 새 역법을 가르쳤다. 수입한 새 지식은 북경의 위도에 맞도록 계산되어 있었으므로 이를 시정하는 가운데 한양의 위도에 맞추는 새로운 계산이 완성되었고, 다음 해인 1653년 1월부터 시헌력이 시행되었다. 그리고 5월에는 일단 보루각의 누기(漏器)들을 정리하는 것으로 분위기를 일신하고자 하였다.

새 역법을 시행하는 데 있어 가장 중요한 것은 정확한 혼천의를 마련하는 일이었다. 새 역법을 이용해서 다시 하늘의 정확한 움직임을 구현할 수 있다는 자부심은 정교한 혼상과 혼천의를 통해서만이 가능한 것이었다.

먼저 효종은 홍처윤에게 혼천의 제작을 명하였다. 그러나 그가 제작한 혼천의는 정확하지가 못했다. 그래서 다시 손재주와 계산에 빠르다고 이름난 김제 군수 최유지(崔攸之)에게 제작을 의뢰하였다. 그는 효종 8년(1657) 5월 이른바 물을 동력으로 이용하는 혼천의를 제작하는 데 성공하였다. 그러나 물의 물리적 성질이 겨울과 여름에 일정하지 않은 관계로 이 혼천의도 지속적으로 그 정확성을 유지할 수는 없었다.

　결국 이민철과 송이영이 이 일을 담당하는 마지막 주자가 되었다. 이민철은 세종대 이후의 전통적인 방식을 따라 물을 동력으로 이용한 혼천의를 제작한 반면, 송이영은 서양식 자명종의 원리를 이용해서 혼천의를 제작하였다. 송이영이 만든 혼천시계의 구조는 다음과 같았다.

　가로 118.5cm, 두께 52.5cm, 높이 99.0cm 크기의 나무상자 안에 오른쪽 절반은 중력식 진자 시계가 장치되어 있다. 그리고 왼쪽에는 혼천의라고 하는 천문 자동 표시 장치가 설치되어 있다. 혼천의의 지름은 약 40cm이며 그 중심에 위치한 지구의의 지름은 약 8.9cm였다.

　시계장치는 정확한 시각을 알려주는 동시에 혼천의를 움직이는 동력원으로 이용되었다. 이 시계장치는 두 개의 추의 강하 운동에 의해서 움직였다. 그 중 하나는 시각을 알려주고 바퀴테와 톱니바퀴들을 회전시키는 데 이용되었다. 속도는 탈진기가 연결된 진자에 의하여 조절되었다. 바퀴테가 수직축 주위를 수평면 내에서 회전함으로써 바퀴테에 붙어 있는 12시각을 나타내는 표시판이 시계의 창문 앞에 나타나게 되어 있었다. 다른 하나의 추는 종치는 장치를 위하여 만든 것이다. 상자의 서쪽 벽에 나무인형을 세우고 나무인형 옆에 종을 두어 매 시각마다 나무인형이 종을 치게 했다. 여러 개의 표지를 가진 나무인형이 있어서 앞엣것이 들어가면 뒤엣것이 나와서 현재 시각을 표시하였다. 이 타종 장치는 좁은 통로를 따라 쇠구슬이 굴러 떨어지면서 움직이도록 만들어졌다. 그리고 시계가 움직이면서 톱니로 혼천의의 축을 돌리게 되어 있었다. 혼천의의 시계장치는 서양식 자명종의 원리를 따랐다. 즉 동력을 물에서 추로 바꾼 것이다. 그리고 탄성(彈性) 진자 또는 추 진자 운동으로 주기를 정하였다.

　한편 다른 한쪽은 혼천의다. 혼천의는 관측을 주목적으로 하였던

1669년 송이영이 만든 혼천시계
국보 203호로 현재 고려대학교 박물관에 소장되어 있다

중국식 천문기구와는 달리 실내에 두어서 정확한 시각을 측정하고 천체 운동을 한눈에 알아볼 수 있도록 시뮬레이션된 것이다. 물론 혼천의와 시계는 톱니바퀴로 연결되어 있다.

혼천의의 구조는 육합의, 삼진의, 사유의의 세 부분으로 구성되었다. 이 3개의 고리가 서로 얽히고 겹치면서 용의 모양으로 된 네 개의 기둥과 가운데 구름을 떠받들고 있는 거북이의 형상으로 받쳐져 있다.

3개의 고리 가운데 가장 안쪽에 있는 것이 남북 극을 축으로 해서 도는 사유의(四遊儀)이다. 하늘의 도수를 나타내는 눈금이 새겨져 있는 적경쌍환(赤經雙環)이 있는데, 쌍환 안에는 남북의 축에 지구의가 달려 있다. 원래 관측기구는 관측통이 있어서 천체를 관측하도록 만들어져 있었지만, 송이영의 혼천시계에는 전세계 지도가 그려져 있는 지구의가 달려 있다.

그 다음 혼천의에서 가장 바깥에 부착되어 있는 것이 육합의(六合儀)이다. 육합의는 지평환(地平環), 적도환(赤道環) 및 직각으로 교차하는 자오환(子午環)으로 되어 있다. 육합은 3개의 고리가 6번 교차점을 만든다는 의미에서 지어진 이름이다. 지평환은 지평선에 평행하여 천구를 상하로 양분하며, 자오환은 천구의 자오선과 일치한다. 그리고 적도환은 천구의 적도를 표시한다. 지평환과 자오환은 서로 직각이며 적도환은 비스듬하다.

한편 사유의와 육합의의 중간에 있는 삼진의(三辰儀)는 황도환(黃道環)과 백도환(白道環)으로 구성되어 있다. 황도는 태양의 길이고 백도는 달의 길을 의미한다. 주로 태양과 달 그리고 별을 관측하는 데 도움을 주었다.

이 같은 혼천의는 우주를 상징하는 보물이었다. 왕실에서는 '우주의 도를 구현하는 의기(儀器)'로써 조선 왕조의 권위를 다시 한번 부흥시키려 하였다. 명(明)나라가 망한 이후 야만족인 청나라와 대적하는 유일한 문명국 조선이 하늘을 관측하고 천도(天道)를 수행하는 적통[赤字國]이 되었다는 소중화(小中華) 의식을 갖기에 이른 것이다.

### ☞ 다 함께 생각해 봅시다

옛날에는 사람마다 시계가 있었던 것이 아니었으므로 시각을 정확히 알 수 있는 사람은 천문학자나 국왕 정도였다. 조선 시대에 시각을 정확히 안다는 것은, 국왕이 약속시간을 정확히 지킨다는 의미가 아니라, 하늘의 운행과 법도를 잘 파악하고 있다는 상징적 의미가 강하였다.

천둥번개가 치거나 홍수가 지면 하늘의 벌로 생각하는 관습에서도 볼 수 있듯이 하늘은 일종의 살아 있는 우주의 조정자였다. 하늘은 한치 어긋남도 없이 사시사철 움직였다. 국왕이 그 움직임을 정확히 알 수 있다면 그는 하늘과 동격시될 것이다.

혼천의가 중요하게 취급된 이유가 여기에 있다. 임금은 곧 하늘이었고, 그 매개가 혼천의였기 때문이다.

오늘날 많은 나라에서는 보다 큰 천문 망원경을 건설하려고 한다. 심지어 미국은 우주에 망원경을 설치하기도 했다. 오늘날과 조선 시대의 천문 관측기구의 차이점과 공통점은 무엇인지 다 함께 생각해 보자.

# 아이고, 어려운 수학
## 최석정(崔錫鼎)과 홍정하(洪正夏)

조선 전기에 있어서 천문학, 의학과 같은 자연과학은 학문적 가치가 충분히 인정되지 못하고, 주로 통치의 한 방편으로 연구되어 왔다. 그 때문에 과학과 기술 분야의 발달은 대개 중인 신분층에 의해 주도되었다. 그러나 조선 후기에 국민의 생활 문제가 중요한 관심사가 되면서, 실학자들도 과학과 기술 분야에 깊은 관심을 보였다. 수학에서도 새로운 면모가 나타나, 최석정과 황윤석은 전통 수학을 집대성하였다.

## 수란 무엇인가

'수학은 모든 학문의 왕이다', '수야말로 만물의 근원이다'

숫자는 고대부터 인간의 호기심을 자아냈다. 특히 기하학적 비례를 수로 표현하거나 수로써 만물의 법칙을 나타내려고 노력하였다.

수(數)란 무엇인가? 너무도 어려운 문제이다. 어떤 사람은 수란 현실 세계의 여러 가지 양적 관계를 확인하고 검토하는 기본적인 수단이라고 말한다. 말이 없는 인간의 삶을 생각할 수 없는 것처럼 수가 없는 사람의 생각은 불가능할 것이다. 그처럼 수와 인간의 역사는 밀접하다.

고대에도 물론 수는 여러 가지로 인식되었다. 그러나 수를 십진법이나 오진법, 12진법 등으로 추상화하고 일정한 비율을 따져가면서 연구한 것은 문명 시작 이후의 일이다. 수를 추상적으로 이해하게 된 인간은 그것을 가지고 우주의 아름다움과 법도를 파악했다. 그 대표적인 인물이 수가 만물의 근본이라고 한 피타고라스다.

한편 중국에서도 마방진을 통해 수의 신비로움을 연구하였다. 마방진은 가로 세로 대각선의 합계가 모두 같도록 수를 배열하는 기술이다.

| 16 | 3  | 2  | 13 |
|----|----|----|----|
| 5  | 10 | 11 | 8  |
| 9  | 6  | 7  | 12 |
| 4  | 15 | 14 | 1  |

수학은 서양과학 발달에 기초가 되었던 분야이다. 따라서 '과학=서양, 수학=서양'이라는 생각이 지배적이다. 물론 서양의 수학이 동양의 그것에 비해 기하학적 특징을 가지고 있음은 자주 지적되는 말이다.

그러나 인간이 수를 떠나서 살 수 없다면 동양의 수학 또한 미미하지는 않았을 것이다. 그 중에서도 한국의 수학은 어떠했을까? 이를 살펴보는 것도 의미 있는 일이 될 것이다.

석굴암의 정교한 비례 그리고 건축에서 나타나는 수학적 기법은 이미 고대부터 한국에도 수학이 널리 이용되고 있었음을 말해 준다. 그러나 수학에 관한 보다 자세한 기록을 남기고 있는 것은 조선 시대부터이다. 조선 시대의 수학책들은 수학에 대한 조상들의 생각을 보여주는 좋은 자료이다.

조선 시대는 수학을 기술로 천시했던 시대였다. 따라서 양반들은 수수께끼 풀이와 같은 산수 문제에만 관심이 있었지, 복잡한 방정식이나 삼각함수 그리고 루트($\sqrt{\phantom{x}}$) 등의 문제에는 크게 관심을 기울이지 않았다.

대신 문제풀이 전문가들이 있었다. 이런 전문 수학자들을 우리는 산학가라고 부른다. 그들은 특별한 시험을 거쳐서 정부에서 필요한 수학 계산에 동원되었다. 말하자면 오늘날 컴퓨터로 계산하는 것을 개인이 대신한 것으로 생각하면 된다. 따라서 그들은 빠른 시간 안에 문제를 정확히 푸는 시험을 치렀다.

이처럼 조선 시대의 수학은 중인 출신 전문 수학자의 수학과 양반들의 수학으로 크게 구분되었다. 양반들의 수학적 관심은 유학의 기본 경전인 『주역』에 소개되어 있는 수학적 지식, 상수학에 있었다. 반면에 중인층은 구체적으로 산수 문제를 푸는 데 관심을 기울였다.

### 양반 수학자 최석정

최석정(1646~1715)은 『구수략(九數略)』이라고 하는 양반 수학서를 저술함으로써 17세기에 양반 수학의 대가로 이름을 날렸던 사람이다. 그에 주목하다 보면 우리는 양반 수학이 자연 철학과 밀접했음을 알게 된다.

최석정은 소론의 정치 사상적 입장을 견지하면서 숙종대 후반 여덟 번이나 영의정을 역임한 인물이다. 그는 정치적으로는 온건하고 타협적인 정치 노선을 유지했으며, 사상적으로는 주자 성리학에만 매몰되지 않고 양명학, 병법, 수학 등 다양한 학문에 관심을 가지고 있었다. 『조선 왕조 실록』에는 그에 대해 '주자가 편찬한 경전 등을 자기식으로 나름대로 분류하고 배열하였으니 이것으로 사림들의 비난을 받았다'는 기록이 있다. 당시의 학문은 주자학적 경향이 강했다. 따라서 천문, 지리, 수학, 경학 등에 박식하고 다양한 학문적 경향을 가졌던 그에 대한 비난은 어쩌면 당연한 것이었다.

최석정의 처음 이름은 최석만(崔錫萬), 호는 명곡(明谷) 또는 존와(存窩)였고 자는 여화(汝和), 본관은 전주(全州)였다. 병자호란 시에 활약했던 최명길(崔鳴吉)이 그의 할아버지다. 최명길은 양명학에 일정한 관심을 가졌던 인물로 최석정도 이런 할아버지의 영향을 받았던 것으로 보인다. 최석정의 아우였던 최석항(崔錫恒 : 1654 ~1724) 역시 영의정을 지냈으며 경종, 영조 대의 노론, 소론 대립기에 소론의 영수로 활약하기도 했다. 최석정은 1666년(현종 7) 21세에 진사가 되고 1671년 26세의 나이로 문과에 급제하였다. 1685년(숙종 11) 40세 때는 부제학으로 당시 당쟁 속에서 윤증(尹拯)을 변호하고 김수항(金壽恒)을 탄핵하다가 파직되었다. 1687년에는 선기옥형(璿璣玉衡 : 渾天儀)이라는 천문 관측기구를 제작하는 데 참여하기도 했다. 이후 이조참판·한성부판윤·이조판서 등을 거쳐 1701년 영의정에 임명되었으나 장희빈(張禧嬪)의 죽음에 반대하다가 진천(鎭川)에 유배되었다. 그 후 1702년 판중추부사를 거쳐 다시 영의정이 되었다.

그의 과학적 재능은 40대에 빛을 발하기 시작했다. 천문 관측기구인 선기옥형을 만든 것은 그의 나이 42세 때의 일이다. 그는 이러한 천문 관측기구 제작뿐만 아니라 역법을 만드는 데도 관계했다. 그 후 역법연구에 필요한 수학을 공부하면서 1688년~1695년 사이에 수학서인 『구수략(九數略)』을 독자적으로 저술하였다.

그는 수를 철학적으로 이해, 큰 수는 $10^{44}$까지 사용하였고 작은 수는 $10^{-22}$까지 사용했다. 이는 무한소와 무한대의 개념을 사용한 것이다. 최석정은 종래의 수학책이 주로 문제별로 분류 해설되어 있던 데서 벗어나 풀이과정에 따라 분류하였다.

그는 우리 나라에도 많은 수학자들이 있었으며 따라서 수학의 전통이 깊다고 자랑하였다. 그러나 그가 거명한 수학자들은 우리에겐 약간 의외의 인물들이다. 우리가 단순히 유학자들로만 알고 있었던 이율곡이나 서경덕 그리고 이황 등이 당대 가장 유명한 수학자로 뽑혀 있기 때문이다. 이러한 사실은 조선 시대의 수학에는 중인층의 기술적인 산수뿐 아닌 수학의 이론적 규명에 주력한 유학자들의 상수학도 포함됐음을 알려준다.

이를 가장 잘 보여 주는 것이 마방진이다. 마방진은 몇 가지 수의 조합을 이용하여 가로, 세로 그리고 대각선의 합이 모두 동일하게 만드는 일종의 수의 조합 놀이다.

최석정은 1부터 81까지의 수를 가지고 가로 세로 9줄씩 늘어놓고는 그것의 합이 각각 369가 되는 표를 작성하였다. 그가 생각하기에 9라는 수는 우주를 표현하고 또 온 세상을 표시하는 수였다. 따라서 그의 책이름도 '9에 관한 대략의 논의'라는 의미의 『구수략』이라고 지었던 것이다. 사실 대략의 논의이기는 하지만 그 자신은 그 안에 우주의 원리가 있다고 생각하였다. 특히 9개의 수가 9줄로 배열됨으로써 81을 만들면 우주와 우주의 합이 묘한 모습을 보이는 데다가 그것들의 합이 공교롭게도 모두 369의 일정한 값을 가지는 것은 또 하나의 환희였다.

이처럼 주로 양반들의 수학은 유학 경전이었던 『주역』의 수비학적 원리들과 밀접한 관련을 가지고 전개되었다. 그들은 『주역』을 우주의 원리를 하나로 꿰뚫고 있는 성전으로 보았다. 또 그 원리 중 하나가 수학적 비례와 관련이 있다는 믿음을 가지고 있었다. 이처럼 양반의 수학은 정밀한 계산과 수학적 추론을 이용, 궁극적으로는 자신들의 철학적 질문에 대한 답을 얻는 도구였던 것이다.

### 중인 수학자 홍정하

이에 비하여 중인 수학자들은 수학을 자신의 직업으로 삼았다. 그들은 그야말로 정확한 계산을 자신들의 무기로 삼아야 했으며, 철학적 논리전개의 도구이기보다는 세금을 계산한다거나 상업을 할 경우 교환되는 여러 가지 물건의 합리적인 등가를 계산하는 일, 그리고 토지의 넓이와 등급에 따르는 수확량을 재는 일 등이 주 임무였다. 그들은 보다 실용적인 수학 계산에 관심을 가졌다. 그들에게 수학 계산은 바로 삶의 수단이었기 때문이다.

홍정하는 17세기 후반에 태어난 중인 수학자이다. 저술로는 『구일집(九一集)』이라는 문제집이 있다. 중인 수학자였던 그는 양반 최석정과는 달리 훨씬 구체적인 문제풀이 과정에 관심을 가지고 있었던 것이다.

홍정하에 대한 기록은 국가 수학고시 합격자 명단인 「주학입격안(籌學入格案)」이 유일하다. 다음의 기록을 통해 우리는 그의 집안 사람들이 온통 수학 전문가였음을 알 수 있다.

홍정하는 자가 여광이고, 1684년에 태어났다. 남양 홍씨인데, 아버지도 수학 전문가로 일했고, 친할아버지와 외할아버지가 모두 수학 전문가였다. 동시에 그의 장인까지도 수학 전문가였다.

그가 저술한 『구일집』은 오늘날 간단한 고등학교 수학 정도의 수준이다. 곱하기, 나누기 등의 문제로 시작하여 방정식의 해를 구하는 문제로 끝나고 있다. 방정식의 해법은 당시의 산학가들이 풀어야 했던 대부분의 문제였다고 생각된다.

이는 조선 시대의 조세법인 대동법(大同法)과 관련이 있다. 대동법은 현물로 받던 세금들을 모두 돈으로 환산하여 일괄 수납하던 방식이었다. 현물 수송상의 어려움 등을 이유로 대동법을 시행하면서 쌀 얼마와 면포(綿布) 얼마가 동일한 가격으로 매겨질 수 있는가 하는 문제가 생겨났다. 즉 현물과 돈의 동일한 교환 액수를 정해주어야 했다. 그 해결에 '방정식의 해법'이 활용되었고 당연히 수학 전문가들은 방정식의 풀이에 관심을 기울였다. 『구일집』의 문제들은 이 같은 문제들을 예로 든 실용적인 것이었다.

홍정하가 1713년 중국의 수학자 하국주와 벌였던 대담은 당시 산학자들의 수준을 잘 보여 준다. 1713년 5월 29일 홍정하는 유수석(劉壽錫)이라는 수학자와 함께 당시 조선에 사신으로 와 있던 중국의 수학자를 만날 수 있었다. 중국의 수학자 하국주(何國柱)는 조선의 수학을 상당히 깔보면서 대국의 수학을 어찌 감히 조선의 일개 수학자가 알겠는가고 생각하였다. 이 대담에서 하국주는 홍정하가 낸 다음 방정식 문제를 결국 풀지 못해 망신을 당한다.

지금 여기에 구형의 옥돌이 있소이다. 이것으로 도장을 하나 만들려고 하는데 안에 내접한 입방체(도장)를 가상할 때, 도장을 뺀 무게가 265근 5량 5전이외다. 단 입방체(도장)와 옥돌 사이의 두께는 4촌 5푼입니다. 옥석의 지름 및 내접하는 압방체의 일변의 길이는 각각 얼마입니까.

산가지와 주산

당시 하국주는 서양 수학의 영향하에서 공부하였던 사람으로 주로 기하학에 관심이 있었지 방정식 풀이에는 어두웠던 것이다. 그는 중국에서는 이미 오래 전에 관심이 사라진 방정식 문제 풀이를 조선에 와서 보았던 것이다. 홍정하는 방정식을 풀면서 산가지라는 나뭇가지를 이용했다. 나뭇가지를 세로로 하나 늘어놓으면 1, 가로로 놓으면 5 그리고 십자로 교차하면 10을 나타내며 이를 이용하여 계산을 하는 것이었는데 현란한 손놀림으로 복잡한 방정식을 푸는 것을 보고 놀랐다고 한다.

이처럼 조선의 수학자들은 방정식의 계산에는 뛰어난 실력을 발휘했다. 그들은 비록 서양의 기하학과 같은 첨단 수학에는 관심을 기울이지 못했지만 당시 조선 사회가 요구하였던 방정식의 문제에 훌륭히 답했던 것이다.

수학이야말로 모든 학문 가운데 가장 역사를 초월할 것 같은 분야이지만, 역시 역사를 뛰어넘는 과학과 지식 체계는 존재하지 않음을 조선 시대의 중인 수학자들을 통해 잘 알 수 있는 것이다.

### ☞ 다 함께 생각해 봅시다

홍정하가 풀었던 수학문제 하나를 풀어 보면서 옛날의 수학문제를 푸는 재미를 느껴 봅시다.

지금 갑과 을 두 사람이 있다. 두 사람이 가지고 있는 돈이 얼마나 되는지는 모르나 갑은 그 중에 반인 50전을 가지고 있고, 을은 갑이 가지고 있는 것 중에 다시 반을 가지고 있는데 50전이라면 갑과 을은 돈을 얼마나 가지고 있을까?

# 과학, 기술의 힘이 발견되다

기술은 곧 힘이다—정약용
지구가 돈다고—홍대용
어족 조사의 선구자—정약전

# 기술은 곧 힘이다

## 정약용 (丁若鏞)

기술의 개발에 있어서, 가장 앞섰던 사람은 정약용이었다. 정약용은 인간이 다른 동물보다 뛰어난 것은 기술 때문이라고 보았다. 또 그 기술은 인간의 노력, 그것도 집단적 노력에 의하여 발달되고, 선진 기술을 과감히 수용하는 가운데서 혁신된다고 보았으며, 기술의 발달이 인간 생활을 풍요롭게 한다고 확신하였다. 그러기에 정약용은 스스로 많은 기계를 제작하거나 또는 설계하였다. 그는 한강에 가설할 주교(舟橋)를 설계하였고, 중국을 통해서 들어온 서양의 축성법을 본떠 수원성 축조에 거중기를 사용하였으며 조선, 총포, 병차 등에 관해서도 새로운 지식을 보급하였다. 실학자를 비롯한 진보적 지식인들은 실로 과학과 기술의 발달을 통하여 민생을 편하게 하는 데 크게 기여하였다.

정약용 (1762-1836)

## 기술은 진보를 낳는다

실학을 대성시킨 사람으로 알려진 다산 정약용(1762~1836)은 정치, 경제를 비롯해서 군사, 법률, 문학, 지리, 의학, 천문, 수학 등 다양한 분야에 관심을 가지고 있었다. 그의 저술인 『여유당전서』는 이와 같은 자신의 지식을 총정리한 것이다. 그는 실질적으로 생활에 도움이 되는 지식과 나라를 부유하게 하고 강하게 만드는 정책을 건의하였다. 그는 성을 쌓는 기술과 총포에 대한 기술 그리고 거중기(擧重機)와 활자 등의 기술을 익히고자 하였다. 그리고 당시 많은 사람들의 목숨을 앗아가는 천연두를 예방하고자 종두법까지 익힌, 대학자이면서 실천가였다.

18~19세기에 이르러 조선 사회에는 많은 변화가 나타났다. 농법의 발달로 보다 많은 소출을 올릴 수 있었던 일부 농민들이 부자가 되었다. 이들은 어느 정도 떵떵거리며 살 수 있었고 오히려 양반이라도 먹을 것이 없으면 배를 곯아야 하는 형편이 되었다. 조선 후기 농민, 장인들의 처지는 조선 전기처럼 양반의 눈치만 살피고 양반들에

게 굽실거리기만 하는 것은 아니었다. 돈과 권력만 있으면 양반에 버금갈 만한 지위를 누릴 수 있었다. 양반의 지위를 돈을 주고 사거나 가난한 양반과 혼인을 하여 양반가문 소리를 들을 수도 있게 되었다.

그들이 새로운 부를 만들어 낼 수 있었던 바탕은 무엇이었을까? 그것은 농민과 장인들이 산업 현장에서 축적한 기술이었다. 이런 기술은 매우 유용하였으므로 합리적으로 활용하기만 한다면 얼마든지 돈과 권력을 잡아볼 수 있는 기회가 생겨났다.

그렇다고 조선 사회가 오늘날처럼 자신의 능력과 노력만으로 지위를 성취할 수 있을 만큼 자유로웠던 것은 아니었다. 하지만 이전에 비해 기회가 확대되었음은 명백하다. 봉이 김선달도 대동강 물을 팔아서 부자가 되었고, 허생전의 주인공도 매점매석해서 많은 돈을 챙길 수 있었다.

정약용은 기술이 만들어 낼 수 있는 부와 권력의 가능성에 관심을 기울였다. 그는 국가를 사랑하는 정치가였기에 개인의 이익을 탐하는 그러한 기술보다는 국가의 부를 축적하는 기술 발달에 힘쓸 것을 주장하였다. 아마도 정약용은 우리 나라 역사상 최초로 기술론에 대해 논문을 발표한 인물일지도 모른다.

물론 기술과 기술자를 천시하는 생각이 전혀 없었던 것은 아니었지만 정약용은 그 누구보다도 기술의 중요성을 역설하였다. 그는 예절을 알고 난 이후에 사람이 반드시 배워야 할 것으로 기술을 생각하였다. 그만큼 전통적인 기술 천시의 입장에서 벗어나 있었던 것이다.

효제를 근본으로 삼고 수양하면 곧 예의와 습속으로 도(道)에까지 미친다. 이것은 남에게서 배워서 익히는 것이 아닌 본래적인 성질이다. 그러나 이용후생에 필수적인 여러 가지 기술에 대해서는 최근의 기술을 현장에서 직접 배우지 않으면 어리석음과 고루함을 타파하고 활용도를 높이는 일이 불가능하다. 기술을 발전시키는 일이야말로 나라를 걱정하는 사람의 급선무이다. (「기예론」)

그의 철저한 기술 향상론은 일본에 대한 평가에서도 이전과 다른 태도를 보여 준다. 이전의 학자들이 주로 일본을 무시하고 도덕적으로 성숙할 때를 기다려 외교 관계를 맺어야 할 무지한 나라로 파악한 반면, 정약용은 일본마저도 기술을 익힌다면 대국이 될 수 있다는 입장을 보여 주었다. 당시 일본은 네덜란드 등 유럽의 기술 대국으로부터 대포와 여러 가지 기술 과학 내용을 흡수하고 있었다. 이른바 '난학(蘭學)'이었다. 일본의 기술적 성과와 발달에 매우 밝았던 정약용은 조선도 일본을 단지 무식한 나라로 매도하기 전에 우리의 기술을 발달시켜야 한다고 주장했던 것이다.

## 정약용의 기술론

그는 자신의 방대한 학문적 성과를 집대성한 『여유당전서』에서 기술에 대해 다음과 같이 논하였다.

하느님이 모든 만물을 만드실 때, 날짐승과 길짐승에게는 발톱과 뿔을 주고 단단한 발굽과 예리한 이빨을 주었으며 여러 가지 독을 주어서 자신이 하고 싶은 것을 얻게 하고 외부로부터 습격을 막아낼 수 있게 하였다. 그런데 사람은 벌거숭이인 데다 약하기만 하여 제 생명을 지키지 못할 듯이 만들었으니 무슨 까닭인가. 어찌하여 하늘이 대수롭지 않게 여겨야 할 금수들에게는 후하게 여러 가지를 만들어 주시고, 귀하게 여겨야 할 인간에게는 박하게 하였는가? 그 이유는 인간에게는 지혜로운 생각과 교묘한 연구 능력이 있으므로 기술을 익혀서 제 힘으로 살아가도록 했기 때문이다. (「기예론」)

정약용은 인간이 기술을 발달시킬 수 있는 기본적 능력을 타고 났다고 보았다. 따라서 무력이 아닌 머리로 과학과 기술의 진보를 꾀하여야 한다는 것이 그의 생각이었다.

물론 지혜로운 생각으로 미루어 아는 것도 한계가 있고, 교묘한 연구력으로 깊이 탐구하는 것도 순서가 있는 법이다. 그러므로 비록 성인(聖人)이라 하더라도 천만 명이 함께 논의한 것에는 당할 수가 없으며 하루 아침에 모두 훌륭하게 만들 수는 없는 것이다. 그렇기 때문에 기술은 사람이 많이 모이면 모일수록 더욱 정교하게 되는 것이며, 시대가 흘러갈수록 더욱 발전하는 것이다. 그것은 자연의 이치가 그렇기 때문이다.(「기예론」)

위의 글은 정약용의 근대적 역사인식을 보여주는 대목이다. 아무리 훌륭한 성인이라도 대중의 집적된 지식을 능가할 수는 없는 것이다. 또 지식은 끊임없이 진보하는 것이기 때문에 성인에게도 그 성인의 시대에 맞는 역할이 있고 따라서 한계도 있기 마련이다. 정약용은 당시 별로 인정받지 못하던 장인과 농부들의 기술과 지식이 얼마나 큰 힘을 발휘할 수 있는가 깨달았다. 비록 한 명의 기술자가 지닌 지식은 보잘것없을지 몰라도 그것이 쌓이고 모인다면 성인도 당해내지 못하는 훌륭한 지식이 되는 것이다.

또 정약용은 선진문물과 과학기술의 수입을 다음과 같이 강조하기도 했다.

시골 조그마한 마을에 사는 사람들은 조금 더 큰 읍내에 있는 기술자의 솜씨만 못한 것이요, 읍내 사람들은 유명한 성터나 큰 도시에 있는 기술자들의 솜씨만 못한 것이다. 유명한 성터나 큰 도시의 사람들은 서울에 있는 최신식의 정교한 기계의 제작만은 또 못한 것이다.

아주 산속 깊은 시골 마을에 사는 사람이 오래 전에 서울에 왔다가 처음 시도하는 신기술을 조금 얻어듣고 집으로 와서 몇 번 해 보고는 속으로 자신만만하여 '천하에 이 방법보다 더 우수한 것은 없을 것이야' 하면서 아들과 손자들을 모아 놓고 말했다.

"서울에서 말하는 소위 기술이라는 것을 내가 모두 배워 왔으니 지금부터는 서울에서 다시 더 배울 것이 없을 것이다."

이런 사람이 하는 짓이란 발전이 없고 별로 신통치 못할 뿐이다.

우리 나라에 있는 여러 기술자들의 기술은 모두 옛날에 중국에서 배워 온 방식인데 수백 년이 흐르면서 중국에 다시 가서 배우는 일을 게을리하였다. 중국에서는 새로운 방법과 정교한 기계가 나날이 증가하고 다달이 불어나서 이미 수백 년 전의 중국이 아니다. 그런데도 우리는 막연하게 서로 기술에 관하여 토론하지도 않고 오직 옛날의 방법만을 편하게 여기고 있으니 어찌 그리 게으르단 말인가.(「기예론」)

### 기술은 거중기처럼 힘이 세다

그는 기술의 도입과 발달을 말로만 주장하지 않았다. 새로운 기술을 직접 응용하였던 수원성의 축조에서 우리는 그의 진가를 확인할

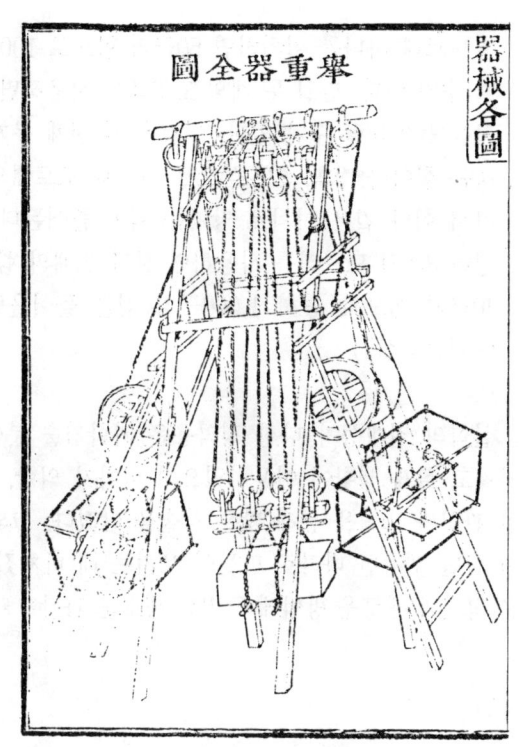

수 있다. 『거중도설』에서 그는,

> 무게가 수만 근이 되면 천여 명이 달려들어서 움직이려 해도 안 될 것이며 또 소 수백 마리로 끌려고 해도 불가능할 것이다. 그렇지만 어린이가 한 손의 힘으로 그 무게의 짐을 거뜬히 들어올릴 수가 있다면 어떨까?

라 하며 거중기의 사용으로 많은 노동력을 절약할 수 있다고 주장하였다. 또 구체적으로 거중기의 역학에 대해서도 설명하고 있다.

도르래 하나를 설치하면 50근의 힘으로 100근의 무게를 들어올릴 수가 있다. 만일 두 개의 도르래를 사용하면 25근의 힘으로 100근을 들어올릴 수가 있다. 이것은 짐 전체 무게의 4분의 1에 해당하는 힘이다. 3개, 4개 식으로 차례로 도르래의 수가 늘어남에 따라서 이와 같은 이치로 당기는 힘이 줄어든다. 지금 그림과 같이 상하 8개의 도르래를 사용하면 전체 25배의 힘을 낸다. (중략) 즉 40근의 힘으로 능히 1,000근의 짐을 들어올릴 수 있는 것이다. (『거중도설』)

실학의 집대성자 다산 정약용은 과학기술 분야에도 많은 관심을 가지고 실제 생활에 이용하였으며 나아가 의학, 역학, 수학 등에 대한 관심과 노력을 통해 많은 저술을 남겼다. 그의 일생은 조선을 다시 한번 부강한 나라로 만들어 보려는 데 바쳐졌다. 그 바탕은 새로운 정신과 새로운 방법에 근거한 새로운 과학기술이었다.

☞ **다 함께 생각해 봅시다**

정약용은 조선에서 근대적 과학기술론을 주장한 몇 명 안되는 학자였다. 그는 「기예론」이라는 논문에서 기술의 발전을 주장하였다. 정약용이 살았던 시대에 기예론이 주장된 이유가 무엇일까 생각해 보자. 또 오늘날 기술에 대한 입장과도 비교해 보자.

# 지구가 돈다고

홍대용(洪大容)

조선 전기에 있어서 천문학, 의학과 같은 자연과학은 학문적 가치가 충분히 인정되지 못하고, 주로 통치의 한 방편으로 연구되어 왔다. 그 때문에 과학과 기술 분야의 발달은 대개 중인 신분층에 의해 주도되었다. 그러나 조선 후기에 국민의 생활문제가 중요한 관심사가 되면서, 실학자들도 과학과 기술 분야에 깊은 관심을 보였다. 먼저, 천문학에서는 일찍이 이수광이 일식, 월식, 벼락, 조수의 간만 등에 대하여 언급한 일이 있고, 김석문, 이익, 홍대용, 정약용 등은 지전설을 내세워 성리학적 세계관을 비판하는 근거를 마련하였다. 홍대용은 18세기 후반 청나라에 왕래하면서 얻은 경험을 토대로 『임하경륜』, 『의산문답』 등 많은 저술을 남겼는데 『담헌서』에 수록되어 있다.

## 지구가 돈다

오늘날에는 지구가 자전과 공전을 한다는 사실을 누구도 의심하지 않는다. 그러나 불과 3~4백년 전에만 하더라도 사람들은 자신이 굳건히 발 디디고 있는 지구가 움직인다고는 생각도 할 수 없었다. 그런 생각은 머리가 돈 사람에게나 가능한 것이었다.

그러나 17세기 서양에서 이런 생각을 하는 사람들이 생겨나기 시작했다.

지구가 우주의 중심이고 태양을 비롯한 모든 별들이 지구 주위를 돈다는 생각은 프톨레마이오스 이후 1,400여 년 간이나 '진리'였다. 중세까지 천문학의 경전이었던 프톨레마이오스의 천문관에서는 우주에 대해 지구를 가운데 두고 수정의 투명한 천구 9개 또는 12개가 서로 겹쳐 있는 것으로 보았다. 즉 가장 큰 9번째의 수정 구슬 안에 8번째의 수정 구슬이 있고, 그 안에는 다시 7번째의 수정 구슬이, 또 그 안에는 6번째가 하는 식으로 겹쳐 있는 것이 우주의 모양이었다. 따라서 천체의 회전운동은 이 수정구들이 회전하면서 정지하고 있는 지구에서 관측되는 것으로 생각했다.

그러나 실제로는 이 수정 구슬 우주론으로 설명할 수 없는 천문현상들이 관측되었다. 예를 들면 별똥별이 지구 위로 떨어지는 현상이 그랬다. 수정구로 막혀 있는 천구를 어떻게 별이 통과할 수 있을까하는 의문이 제기되었다.

또 천체의 궤도를 계산할 때도 지구를 중심으로 놓으면 우주의 운동을 설명하기가 너무 복잡했다. '하느님이 우주의 원리를 이렇게 복잡하게 하시지는 않았을 거야'라고 생각하는 과학자들이 속속 나타났다.

그리고 드디어 17세기에 이르러 갈릴레오와 코페르니쿠스에 의해 수정 구슬의 우주관은 깨어지고 만다. 갈릴레오는 교회의 탄압에도 불구하고 '그래도 지구는 돈다'고 말했고 이때 그가 주장한 것은 지구의 공전이었다. 결국 지구도 가만히 제자리를 지키는 것이 아니라 수정구를 뚫고 자신의 궤도로 회전[공전]한다는 사실이 밝혀졌다. 마침내 '천문학의 혁명'이 일어난 것이다.

이렇게 갈릴레오와 코페르니쿠스에 의하여 서양에서는 지구 중심의 천문학설이 깨지기 시작하였다. 1,400여 년 동안 지속되어 온 지구 중심의 프톨레마이오스의 천문관은 그 왕좌를 새로운 태양 중심의 천문학설에 내놓게 된 것이다.

서양의 새로운 천문학 즉 코페르니쿠스의 태양 중심설은 제임스 로라고 하는 서양의 선교사가 1634년 혹은 이전에 쓴 『오위통지』(9권)를 통해 중국에 전해졌다. 이 새로운 우주론은 중국을 통해 조선의 학자들에게도 전해지게 된다.

### 새로운 천문학을 접하다

동양의 우주론으로는 전통적으로 혼천론(渾天論)이 우세하였다. 혼천론의 우주는 물 위에 투명한 천구가 떠 있고 지구가 그 한 가운데 두둥실 떠 있는 모양이었다. 물론 우주의 중심인 지구는 움직이지 않고 가운데 있고, 하늘이 움직이는 것으로 생각되었다. 천원지방(天圓地方)이라는 전통적 우주관이 그것이다. 하늘은 둥글어서 네모난 땅을 위에서 덮고 있는 모양이다. 그런데 이 같은 동양의 지구 중심 천문관도 서양의 새로운 천문관과 접하면서 변화하게 된다.

조선 후기의 실학자 홍대용도 일찍부터 '지구가 돈다'는 말을 들어오던 터였다. 그러나 실제로 지구가 도는지 아닌지를 밝히는 것은 무척 어려운 문제였다. 또 당시 조선에 전해진 지구의 회전 개념이 자

홍대용의 초상화

전과 공전을 구분해서 알려진 것도 아니었다.

홍대용은 기술자인 이경적, 안처인 등의 도움을 받아 직접 하늘을 관측하고자 했다. 혼상의, 측관의, 통천의 등 여러 가지 관측기구를 만들고 소규모의 관측대 —농수각(籠水閣)이라고 불렀다— 를 자기 집안에 만들어 직접 천문관측을 하였다.

농수각은 전통적인 동양의 우주론인 혼천론의 우주[혼천]를 본따 만든 것이었다. 마당에 호수를 파서 가운데 인공 섬을 만들고 그 위에 집[閣]을 지어 천문기구를 두었다. 이때 물 위에 둥둥 떠 있는 섬이 지구였다.

이처럼 지구와 우주 현상에 깊은 관심을 가졌던 홍대용에게 떠나지 않는 의문은 바로 지구가 돈다는 말이었다. '지구가 돈다면 내가 제자리에서 위로 뛰어 올랐다가 다시 떨어지면 지구가 돈 만큼 앞으로 나가게 될 것이 아닌가'라고 생각한 홍대용은 제자리에서 뛰어 보았다. 그러나 다시 제자리로 떨어지는 것이 아닌가.

북학을 주장하는 실학자였던 홍대용은 북학파의 다른 여러 학자들과도 친분이 두터웠다. 당시 조선의 유학자들은 청나라를 오랑캐라 하여 배격하는 것이 일반적이었으나 북학파 학자들은 청을 배격할 것이 아니라 그들의 앞선 문물을 배워야 한다고 주장했다. '북쪽의 나라를 공부해야 한다[北學]'는 것이다. 그들은 형이상학보다는 형이하학, 예를 들면 여러 자연 현상이나 인간에 이로움을 줄 만한 문명의 기계 등에 관심을 기울였다. 홍대용의 친구였던 박지원은 그에게 자주 중국에 가서 공부하고 견문을 넓히라고 권하였다.

홍대용의 천문학에 대한 고민은 그의 나이 36세 때인 1765년, 중국에 감으로써 어느 정도 해소되게 된다. 당시 북경은 새로운 천문학의 보고(寶庫)였다. 홍대용은 중국에서 독일계 선교사이면서, 중국 천문대장이었던 할러슈타인, 고가이슬과 만날 수 있었다. 홍대용으로서는 서양의 천문학에 대해서 공부할 수 있는 절호의 기회였다. 그는 질문을 한문으로 써서 이 푸른 눈의 천문학자에게 묻고 또 물었다.

북경에서 돌아온 홍대용은 재미있는 문답 형식의 과학 논문인 『의산문답(毉山問答)』을 저술하였다. 『의산문답』에는 새로운 서양의 과학과 학문을 공부한 실옹(實翁)과 주자학만을 고집하는 조선의 유학자를 대표하는 듯한 인물인 허자(虛者)라는 대비되는 두 주인공이 등장한다. 실옹이 허자의 우문(愚問)에 새로운 학식을 풍부히 사용하면서 현답(賢答)을 주는 문답 방식으로 쓰여진 이 책은 당시 조선의 고루한 인습에 대한 비판을 주내용으로 하고 있다.

### 상대적 운동을 깨닫다

『의산문답』에서도 그의 지구 회전[자전]에 대한 질문은 계속되고 있다.

무릇 땅덩어리는 하루에 한 번씩 돈다. 지구의 둘레는 9만 리이고 하루는 12시이다. 9만 리의 큰 덩어리가 12시간에 맞추어 움직이고 있는 것을 보면 그 빠르기가 번개나 포탄보다 더 빠른 것이다. 그런데 어째서 우리는 이 현상을 느끼지 못하는 것일까?

홍대용이 중국에서 보았던 『오위통지』에는 그의 질문에 답을 줄 만한 구절이 있었다. 그것은 뉴튼의 운동법칙에 해당할 만한 것으로 힘과 운동을 상대적으로 인식하는 것이었다.

천체가 일주운동을 하는 것이 아니라 오히려 지구가 대기와 함께 한 덩어리가 되어 서쪽에서 동쪽으로 움직여 하루에 1회전을 하는 것이다. 예를 들어 배를 타고 가는 사람이 강가의 나무들이 움직이고 자기는 움직이지 않은 것처럼 느끼듯이 지구 위에 서 있는 사람이 모든 천체가 서쪽으로 움직이는 것처럼 보게 되는 것도 같은 이치이다. 지구 하나의 운동[자전]에 의하여 하늘의 여러 운동이 설명되는 것이다. 그러나 옛날이나 지금의 학자들 모두 이는 정확한 설명이 아니라고 하면서 그 이유로 지구가 모든 천체들의 중심이므로 움직일 수가 없다고 한다.

물론 홍대용이 깨우친 지구의 회전은 자전만으로 코페르니쿠스의 태양 중심설과는 완전히 다른 것이었다. 홍대용은 태양과 달이 '차의 바퀴살처럼 자전하고 연자방아처럼 돈다'며 태양과 달이 지구의 둘레를 돌고 금성, 수성, 목성, 화성, 토성이 태양의 둘레를 도는 것으로 보았다.

홍대용은 운동의 상대성을 인식하였다. 그는 '하늘이 움직이는 것이 아니라 지구가 움직인다고 해도 같은 현상을 설명하는 데는 동일하겠지. 물론 지구가 빨리 도는 데도 우리가 잘 모르는 것은 워낙 넓기 때문일 거야'라고 생각했다.

이와 같은 그의 상대론은 우주를 중심이 없는 무한한 세계로 파악한 데서 더욱 잘 드러난다. 홍대용은 태양계와 은하계 그리고 온 우주 안에서 지구가 차지하는 위치에 대한 자신의 입장을 전개하면서,

지구에서 보이는 것 이외에 은하계와 같은 것들이 얼마나 많은지 알 수 없으니 조그마한 눈을 믿고 은하를 제일 큰 세계라고 말할 수는 없다. 지구를 중심으로 은하를 생각할 수는 없는 것이다.

고 하였다. 홍대용은 지구를 그 어떤 특수한 존재로 보지 않고 달이나 해와 함께 은하계를 구성하고 있는 수천만 개의 천체들 가운데 하나에 불과하다고 보았다. 그리고 무한한 우주에는 우리 은하계 밖에도 다른 은하계들이 수없이 많다고 하였다. 당시까지 굳게 믿어져온 지구가 우주의 중심에 있고 태양계의 중심 위치에서 움직이지 않는 채로 고정되어 있다는 주장을 비판하였던 것이다.

우주의 세계에서 본다면 무한한 우주 공간에 지구가 한 가운데 있어야만 한다는 법은 없는 것이다.

### 전통적 사고의 극복

홍대용은 우주 속의 지구를 상대적으로 파악하여, 지구 중심의 우주론을 극복하면서 나아가 당시 널리 만연한 중국 중심의 화이관을

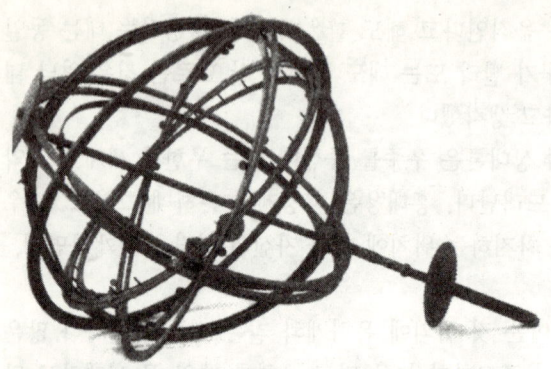
**홍대용이 제작한 혼천의**

극복하였다.

　우주 속에서 지구가 중심이 아닌 것처럼 지구 위에 중국이 중심이란 생각은 완전히 그릇된 것이다. 조선도 얼마든지 중심이 될 수 있다.

　홍대용이 추구하였던 상대적 인식은 이처럼 학문적인 방법론뿐 아니라 정치 철학적으로도 화이관의 극복이라는 혁명적인 발상의 전환을 이끌어 낸다.
　한편 홍대용의 과학적이고 체계적인 회의는 '하늘은 둥글고 지구는 네모나다'는 전통적인 우주론도 비판한다. 전통의 우주론과 자신을 단절시킨 것이다.

　하늘이 만든 것에 모난 것은 없다고 하니, 작은 벌레의 몸뚱이나 빗방울이나 눈물과 침이라도 하더라도 둥글지 않은 것이 없다. 대개 그 모습은 원형이 맞을 것이다. 지구가 원형인 것은 일식이나 월식 때 가려진 부분이 둥근 것을 보면 금방 알 수 있다. 따라서 하늘도 지구도 원형일 것이다. 그리고 천원지방(天圓地方)에서 방(方)은 네모난 것이 아니고 '반듯반듯하게 질서 정연하다'로 보는 것이 옳은 해석일 것이다.

수학과 천문학 그리고 우주 철학에 이르기까지 모든 분야에 다양한 관심을 가지고 있었던 홍대용은 스스로 천문기구를 만들어 보는 등 과학 기술자로서 손색이 없는 인물이었다.

홍대용의 사상은 자전설과 우주 무한론이라는 상대적 인식을 특징으로 한다. 그의 상대적 사고는 당시 주자학적 정통론에 골몰하였던 학계에 신선한 자극제가 되었다. 그리고 이 같은 신선한 사고야말로 과학과 기술을 발달시키는 가장 중요한 요소였음이 역사에서 드러나고 있는 것이다.

### ☞ 다 함께 생각해 봅시다

학문적 관심과 호기심은 과학기술의 발달에 필수적이다. 오늘날 우리가 조선 시대의 실학자 홍대용에게 배울 수 있는 것은 무엇인지, 또 오늘날 홍대용과 같은 전통의 과학자를 계승하는 것은 어떤 의미가 있는지 함께 생각해 보자.

# 어족(魚族) 조사의 선구자

## 정약전(丁若銓)

조선 후기에 어업에서는 어살(魚箭)을 설치하는 어법이 실시되고, 어망의 재료도 면사로 바뀌는 등 어구가 개량되었다. 17세기에는 김 양식의 기술이 개발되어 전라도를 중심으로 보급되었고, 18세기 후반에는 냉장선이 등장하여 어물의 유통이 더욱 활발해졌다.

## 유배는 연구의 기회

우리 나라 최초의 생물학서라고 할 만한 『자산어보(玆山魚譜)』를 저술한 정약전은 다산 정약용의 형이다. 정씨 가문의 정약종, 정약전, 정약용 형제는 모두가 학식이 풍부한 인물들이었다. 정약전은 영조 34년인 1758년 경기도 광주군 열수 근처 마현리에서 태어났다.

순조 원년인 1801년 천주교 엄금조치가 내려지자 천주교와 관련된 많은 학자와 교인들이 죽음을 당하거나 형벌을 받았다. 이때 정약전의 형 정약종은 장기에서 죽임을 당하였고, 정약용은 전남의 강진에 유배되었다. 천주교 신자였던 정약전도 전남 완도군 신지도를 거쳐 흑산도 곧 자산으로 유배되었다. 그는 이후 흑산도에서 계속 살면서 책을 읽거나 저술을 하였고 유배생활 18년 만인 1816년(순조 16) 6월 죽음을 맞이하였다.

정약전은 일찍이 성호 이익에게서 수학하였다. 성호 이익은 서양에 관한 학문에도 주력하였는데, 정약전도 이 같은 스승 밑에서 서양의 다양한 학문을 접하였다. 특히 그는 수학에 관심이 많아 『기하원본』 같은 서양의 수학은 그의 최고의 관심사였다.

다산은 그의 형 정약전에 대해 다음과 같이 말한 적이 있다.

나의 형님 정약전은 재질로 말하자면 나보다 훨씬 낫다. 머리가 좋아서 수학책을 보면 금방 이해하곤 했다. 그러나 쉬엄쉬엄 공부하는 타입이었고 이런 근면의 차이로 인하여 저술한 책이 나에 비하여 적었다.

그러나 정약전은 흑산도에서의 16년을 허송하지 않았다. 복성재라는 서재를 설립해서 후학들을 교육하고 여러 저서를 쓰면서 유배 생활을 한 것이다. 흑산도에서 쓰여진 그의 저서로는 『자산어보』를 비롯하여 『논어』 2권, 『동역』 1권, 『송정사의』 1권 등이 있다. 그러나 안타깝게도 『자산어보』 이외의 책들은 전하지 않는다.

　영국의 과학자 베이컨은 꿀벌이 꿀을 모아 벌집을 만들듯이 세상의 모든 지식을 분류하고 정리하는 일이 과학자의 첫걸음이라고 주장하였다. 정약전은 바로 이 베이컨의 말처럼 흑산도 해안의 어류를 관찰하고 수집, 정리해서 뛰어난 업적을 남겼다. 『자산어보』는 흑산도 지역 어류들의 생태를 분류하여 보고한 우리 나라 최초의 어류분류학 책이었다.

### 흑산도의 어류 연구

　다음의 『자산어보』 서문을 보면 정약전이 그 책을 서술하게 된 과정이 잘 나타나 있다.

　　자산(玆山)은 흑산(黑山)이다. 자(玆)는 그 뜻이 흑(黑)과 통하는 까닭이다. 내가 흑산에 유배되어 현지에 와서 보니 흑산(黑山)이라는 이름의 뜻이 깊고 아득하다는 것처럼 바다 물결이 공포심을 자아낼 정도였다.

　　자산의 바다에는 어족이 풍부하지만 그 이름을 아는 자가 극히 적었다. 내가 보기에 흑산은 박물학자들의 연구처로 적합지였다. 나는 어보(魚譜)를 편성하기 위해 많은 섬 사람들을 방문해서 여러 가지 질문을 던지고 자료를 수집하였다. 그러나 각 개인들이 부르는 어물(魚物)의 이름이 서로 달라서 그 지방 고기의 표준이름을 지칭하기가 매우 힘들었다.

　　그런데 흑산도 사람 가운데 장창대라는 학자가 있었다. 그는 문

밖을 나가지도 않고 손님 오는 것도 물리치면서 오직 공부만 하였다. 옛책을 연구하고 공부하는 독학자인데 집안이 가난하여 책 구하기가 어려웠으나 아는 것이 너무 많아 대단하게 생각되었다. 그 성격이 매우 치밀하고 자세하여 초목(草木)과 어류 그리고 새들을 자세히 관찰하고 성질을 연구하였으므로 나는 이를 믿고 드디어 그를 집에 불러 연구를 거듭하였다.

차례대로 연구한 것을 묶어서는 『자산어보』라고 이름짓는 동시에 바다 짐승과 해초류까지 연구 기록하여 후세 사람들의 공부에 도움이 되고자 하였다. 내가 너무 무식하여 다른 책들에서 이름을 찾지 못한 어류들의 이름은 새로 지어서 기록해 보기도 했다.

후학들이 『자산어보』를 잘 활용한다면 병을 치유하거나 생활에 도움이 될 만한 지식들을 이용할 수 있을 것이다.

이리하여 우리 나라 최초의 본격적인 생물 분류학이 시도되었다. 『자산어보』는 3권 1책으로, 제1권에는 비늘이 달린 고기류 73종이, 제2권에는 비늘이 없는 어류 42종이 기록되어 있고, 제3권은 잡류로 해충 4종, 해금수 1종, 해초 35종에 관한 지식이 세밀히 분류되어 있다. 물론 물고기를 분류하는 방식이 오늘날과 같지는 않다.

정약전은 특히 알을 낳는 어류들의 경우에 수컷이 먼저 정액을 쏟아 놓으면 거기에 암컷이 알을 낳아 부화되도록 한다는 사실을 지적하였으며 상어와 같이 뱃속에 새끼를 가지고 있다가 낳는 특수한 실례도 있다고 하였다. 상어가 뱃속에서 알을 부화시킨다는 사실을 몰랐던 그는 새끼를 낳는 것으로 여겨 신기하게 생각한 것이다.

한편 고등어와 청어의 회유(回遊)에 관한 기록은 매우 흥미 있다. 특히 이렇게 어류의 생태를 파악하는 것은 어부들에게 매우 중요한 문제였기 때문에 깊은 관심의 대상이 되었다.

김홍도 풍속화 〈고기잡이〉

## 어류 지식의 증대

조선 전기 어류에 대한 기록으로는 15세기에 쓰여진 『동국여지승람』이 있다. 이 책에는 평안도에 35종, 황해도에 27종, 함경도에 38종, 강원도에 27종, 경기도에 38종, 충청도에 41종, 전라도에 54종, 경상도에 48종의 어류가 조사되어 있다. 『동국여지승람』의 조사에서는 어류가 가장 많았던 전라도도 54종에 불과했던 데 비해 정약전은 흑산도 근해에서만도 백여 종 이상을 조사, 기록하고 있으니 그 조사가 얼마나 자세한 것이었는지는 말할 필요도 없다.

물론 이렇게 어종의 조사 수가 늘어난 것은 그 동안의 어획기술 발달에도 이유가 있다. 특히 17세기에는 원양 어선과 어획 기술이 획기적으로 발달하였다. 조선 전기에는 작은 선박으로 연근해에만 작업을 나갈 수 있었던 것이 후기에 이르면서 점점 대형화되고 그물도 좋아져서 보다 많은 어류를 포획할 수 있었다. 동해뿐만 아니라 서해에서도 먼 바다에 나가 고기를 잡았다. 당시 기록에 의하면 충청도와 황해도 앞바다에 고깃배들이 문 드나들 듯이 하였다고 한다.

17~18세기에 주로 잡힌 어류는 명태와 조기 그리고 청어였다. 명태는 동해, 조기는 서해의 명산물이었고 청어는 동해와 서해에서 모두 잡혔다. 조기는 영광의 굴비가 유명했다. 명태는 말려서 북어를 만들어 먹기도 했다. 이때 '북어'란 북쪽에서 나는 고기를 말했다. 이만큼 명태는 남쪽에서는 잘 잡히지 않는 고기였지만 조선 후기 들어 해양 기술이 발달하면서 그 어획량이 늘어났다. 명태의 어획량이 늘어나게 된 데에는 자연적인 변화요인도 작용했다.

17세기에는 빙하기가 다시 온 것처럼 저온현상이 전세계를 걸쳐 계속되었다. '소빙기'라고 하는 이 기후 변동은 한반도 해류에 영향을 미쳐 어종(魚種)의 변화도 가져왔다. 추운 바다 속에서 살고 있던 어류들이 바닷물의 기온이 전체적으로 내려가면서 북쪽이 아닌 남쪽으로도 회유해 왔다. 따라서 강원 이북의 북쪽지역에서만 잡히던 명태가 조선 후기에는 기후의 변화로 남하하는 한대성 해류를 따라 남하, 남쪽에서도 많이 잡히게 되었다. 전기에는 값이 비싸 임금님 진상품으로만 쓰이던 명태가 현종대(1660년 전후) 이후에 가장 흔한 고기의 대명사로 불리게 되었고 북어는 일반인들이 가장 즐기는 어류가 되었다.

17세기 이후 어종이 풍부해지고 어획량이 늘어나자 수산업에 대한 투자가 활발해졌다. '어량'이라고 하여 일종의 양식업까지 대두되었고 새끼 고기를 길러 팔기도 하였다. 바닷가에 사는 어부들은 대나무로 바다에 촘촘하게 발을 치고 그 안에 들어왔다가 나가지 못한 바다 생선들을 잡아 팔기도 하였다.

따라서 17세기 이후에는 되도록이면 많은 어류에 대한 지식과 정보가 실제 생활에서 요구되었다. 이를 위해서는 어류의 분류와 정리가 먼저 시도되어야 했다. '어보(魚譜)'류 저술이 그것이다. 정약전의 『자산어보』는 이 중 대표적인 어류의 조사서였고 이외에도 김려의 『우해이어보』가 있다.

### ☞ 다 함께 생각해 봅시다

조선 후기의 실학자들은 박학다식을 중시했다. 백과사전식의 지식 습득을 추구하는 것은 실학의 가장 큰 특징이다. 사전적 지식은 '지식을 분류 체계적으로 이해하는 기초를 마련한다'는 점에서 중요하다. 우리 나라 최초 최고의 어류 조사서인 『자산어보』도 이러한 맥락에서 연구, 집필된 것이다. 조선 전기까지만 해도 학자들이 이런 방면에 관심을 갖고 연구해서 책을 쓴다는 것은 상상할 수 없는 일이었다.

이외에 당시 실학자들이 관심을 가졌던 분야에 어떤 것들이 있었는지 같이 연구해 보자.

새로운 세계의 모델을 위하여

근대적 지도의 탄생—김정호
사상의학과 근대 인간의 탄생—이제마
근대적 학문의 출발—최한기

# 근대적 지도의 탄생

## 김정호(金正浩)

조선 후기에 시간성에 대한 관심이 국사의 연구로 나타났다면 공간성에 대한 관심은 국토의 연구로 표현되었다. 그리하여 우수한 지리서가 편찬되고 새로운 지도가 제작되었다. 이 시기에 펴낸 지리서로는 유형원의 『여지지』, 이중환의 『택리지』, 정약용의 『아방강역고』, 김정호의 『대동지지』 등이 유명하였다. (중략) 지도 제작에는 정상기와 김정호의 업적이 뛰어났는데, 전자는 「동국지도」를, 후자는 「청구도」, 「대동여지도」를 제작하였다. 그 이전의 지도는 행정적, 군사적인 목적이 주가 되었으나, 이 시기의 지도에는 산업, 문화에 대한 관심이 반영되어 산맥과 하천, 항만, 도로망의 표시가 정밀해진 점에 큰 특색이 있다.

### 정확한 지도

오늘날에는 초보 운전자를 위한 교통지도 및 산업지도, 지질도 등 등 이루 헤아릴 수도 없을 정도로 많은 종류의 지도들이 있다. 또 지도는 그 종류만 많아진 것이 아니라 제작의 수준도 엄청나게 발달하였다. 현대의 지도는 컴퓨터 등의 첨단 기기들을 이용해서 다양한 지리 정보를 수집, 총괄해서 만들어진다. 컴퓨터를 이용한 지도의 작성은 양피지나 종이 위에 2차원적으로만 표시되던 종래의 지도와는 달리 3차원의 그래프와 정보 수록을 가능케하였다.

고대 이후 인간은 자신이 살고 있는 세상을 표현하기 위해 지도를 만들었다. 물론 교통수단의 한계로 인간의 활동 범위가 한정되었을 때는 표현되는 지도의 범위도 한계지워졌다. 그러나 점차 인간이 미지(未知)의 세계를 탐험하게 되자, 지도의 제작 범위도 커지고 또 보다 정확한 지도도 필요로 하게 되었다. 단순히 기억 속에 지리정보를 담고 있는 것보다는 문서로 남기는 것이 오래갔고 글자만으로 된 것보다는 그림을 동원한 시각적 표현이 더 정보를 한 눈에 판독할 수 있게 해 주었다. 지리적 환경과 정보를 그림으로 그대로 나타내기 위해서는 정확한 묘사력이 필요했다. 화가와 같은 날카로운 눈 그리고 정확한 그림 솜씨와 측량 기술이 필수적이었다. 잘못 그리면 잘못된 정보를 줄 수 있기 때문이다.

### 자연의 객관화

이렇게 지도가 발달하기 위해서는 대상을 정확하게 모사(模寫)하는 그림 솜씨가 필수적이다. 원래 동양에서 '그림'은 사대부들의 기예(技藝) 중 하나였다. 사대부들은 시, 서, 화(詩, 書, 畵) 세 가지 분야에 모두 능해야 진정한 선비로 대접받았다. 이는 조선의 선비들에게도 마찬가지였다.

그러나 조선 시대에는 이런 양반들과는 다른 동기와 목적으로 그림을 그리는 사람들이 있었다. 도화서에 소속되어 있으면서 전문적으로 그림을 그리는 도화서 화원이 그들이었다.

그러면 도화서 화원과 같은 직업 화가들은 어떤 그림을 그렸을까? 간단히 말하면 그들은 오늘날의 사진과 같은 정밀화를 그렸다. 당시에도 국가행사시에는 그 행사장면을 기록할 필요가 있었고 이때 도화서의 화가들이 동원되어 행사장면을 그대로 그렸다. 오늘날 기록사진을 남겨 두는 것과 같다. 또 임금 등의 초상화나 지도와 같이 정확한 묘사력을 필요로 하는 경우에는 화원 화가들이 동원되었다. 지도를 그리는 데에는 예술적 능력이나 화가의 작품성이 아닌 정확한 모사(模寫)가 요구되었고 따라서 지도 그리는 일은 당연히 모사를 자신의 임무로 삼았던 화원 화가들의 영역이었다.

이렇게 조선 시대의 그림은 그것을 사대부의 기본적 자질로 보았던 양반들의 그림과 도화서 화가들의 그림으로 양분될 수 있다. 양반들은 모사 중심의 화원 화가들 그림에 대해 비판적이었고 그것을 기술로만 여겨 천시하였다. 그림에도 글과 마찬가지로 뜻이 담겨야 하고 대상과 비슷하게 그리는 것은 둘째 문제라는 것이 그들의 생각이었다. 예술은 도(道)를 담는 것이지 정확하게 그리는 것은 중요하지 않았다.

그러나 19세기에 이르면 이와 같은 자연관과 사물관에 변화가 생긴다. 이 중 가장 중요한 변화는 인식 대상에 대한 정확한 이해를 중시하게 되었다는 것이다. 대상에 대한 정확한 인식의 추구는 자연의 모사(模寫)와 이해란 무엇인가 하는 인식론적, 존재론적 질문을 던지게 한다. 19세기 조선인들은 자연에 대한 객관적인 이해를 심화시

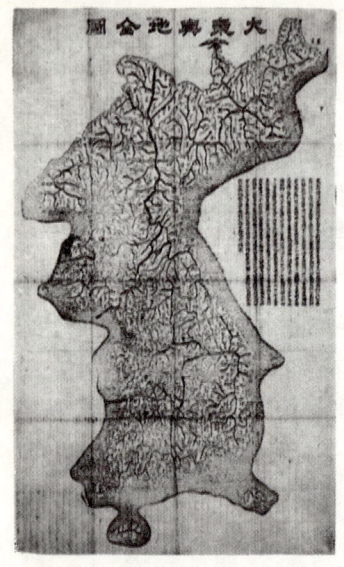

착수 27년 만인 1861년
완성된 「대동여지도」

켰고 자연의 정확한 묘사와 이해를 추구하였다.

이러한 생각들은 그림뿐 아니라 지도를 그리는 작업에도 영향을 주었다. 어떻게 하면 자연을 정확하게 있는 그대로 그릴 수 있을까? 이 문제에 대한 해결책으로 좌표방안법의 도입이 계획되었다. 실학자 이익의 친우(親友)였던 정상기는 우리 나라 최초로 좌표방안을 지도 제작에 도입하였다. 그는 지도가 정확하지 못한 것은 축적과 축소의 비율을 제대로 지키지 않고 주먹구구로 지도를 제작하였기 때문이라고 비판하면서 정확한 비율을 지킬 것을 주장했다. 아마도 이익이 제공한 서양의 『기하원본』과 같은 기하학적 도법의 원칙이 모델이 된 것 같다.

이후 19세기 들어 김정호라는 거물 지리학자가 등장, 정확한 축적과 기호화를 함께 추진함으로써 우리 나라 지도 제작과 지리학은 크게 발전하게 된다.

## 김정호와 근대적 지도

　김정호는 19세기에 활동한 지리학자라고만 알려져 있을 뿐 출생지, 출생년도 등 그에 관한 기록은 거의 없다. 김정호가 제작한 지도책들의 서문을 최한기가 써 주거나 제작비용의 일부를 대주었던 것으로 보아 이들 둘은 친구 관계였던 것으로 보이고, 후원자였던 최한기가 서울에 살고 있었으므로 김정호도 서울 생활에 익숙하였던 것으로 보인다.
　김정호는 1834년에 「청구도」라는 지도를 만들었다. 「청구도」는 채색으로 그려진 조선 지도로서 지도의 정확성을 추구한 최초의 업적이었다. 또 30여 년 후에는 『대동지지』라는 인문지리서를 만들었다. 「청구도」가 지도첩이라면 『대동지지』는 지도에는 수록하기 힘들었던 여러 정보들(인구, 농토 등과 같은)에 대한 상세한 내용을 수록한 지리책이었다. 그 후 김정호는 조선의 전 지역을 그린 지도를 완성할 목적으로 1834년부터 27년 동안 전국 각지를 실제로 답사하고, 측정한 자료를 중심으로 1861년 첩본 22책의 지도를 만들어 출판하였다. 이것이 바로 「대동여지도」이다. 「대동여지도」는 내용의 정확성에서 근대 지도에 접근하고 있다. 또 「대동여지도」는 「청구도」의 지리적 정보를 보기 쉽도록 다시 정리한 것이기도 하다.
　「청구도」와 『대동지지』 그리고 「대동여지도」는 모두 김정호가 기획하고 제작한 한국 지도학과 지리학의 걸작 시리즈였다고 할 수 있다.
　「대동여지도」는 방안 도법에 의해 1 : 162,000의 축적으로 그려진 지도이다. 김정호는 지도상의 거리 측정을 편리하게 하기 위해서 도면 첫머리에 축적 방안을 표시하였다. 이 방안의 한쪽 변으로 10리를 표시하여, 거리와 방위와 면적을 측정할 수 있게 했다.
　전체 도면은 함경북도 온성부터 제주도에 이르는 국토를 22단으로

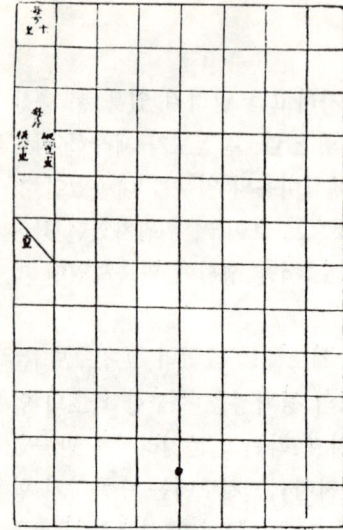

「대동여지도」에 사용된
동서 80리(가로)와 남북(세로)
120리의 방안 축척

나누어서 각각을 22개의 첩본 지도로 만들었다. 첩본의 한쪽 면은 통일된 축적에 의해 남북이 120리, 동서가 80리로 되어 있다. 첩본을 펴면 두 페이지가 연속된 도면을 이루게 되어 있고, 22책을 전부 연결시키면 33제곱미터에 달한다. 서울 시내와 같이 특별히 자세하게 표시해야 할 지역에 대해서는 대축적을 이용, 부분도를 삽입하였다.

「대동여지도」는 내용의 정확성과 도면 구성상의 과학성에서 그 과학적 가치를 찾을 수 있다. 또 자료의 선택 방법과 지도의 기호체계에서도 그 우수성을 찾을 수 있다. 김정호는 「대동여지도」를 만들기 위해 그 전에 만들어진 우리 나라의 지리 자료를 깊이 연구하였다. 정확성을 높이기 위해 장기간에 걸친 현지 측정과 답사를 했고 이렇게 얻어진 정확하고 새로운 자료들을 통일적인 기호체계에 의하여 표시했다.

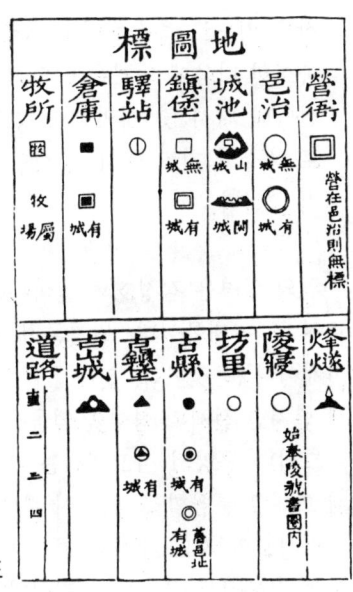

「대동여지도」의 지도표

  산악과 산맥 기호로서는 아직 등고선과 같은 지리 기호를 사용하지는 않았지만 소박하나마 기호를 사용했으며 산모습과 산봉우리, 산맥의 형상 등은 뚜렷하게 표시하였다. 그리고 행정 경계선, 문화유적 특히 주, 군, 현과 읍의 위치, 군사시설, 교통 등 여러 가지 시설들을 기호화했다.
  김정호는 지도상의 표시를 근대적으로 전환하는 동시에 지도 제작의 인식론상에서도 전환을 보였다. 특히 축척과 관련한 정확한 지도의 이해, 곧 사물에 대한 객관적 이해의 추구는 「청구도」의 설명에 잘 보인다.

  지도 그리는 법은 『기하원본』에 잘 나타나 있다. 지리도를 그릴 때 축소해서 작은 지도로 만들거나 혹은 확대해서 큰 지도를 만들려고 한다면 그 방법은 다음과 같다. 먼저 어떤 직사각형의 지도를 작은 지도로 축소해서 1/4로 만들려면 먼저 원래 크기를 1/4로 축소한 다음에 똑같은 수의 방안을 그린다. 그리고 원래 지도의 한 칸마다 다시 몇 개의 정방형으로 나누어 쪼개어서 분석하고 1/4로 축소된 지도 역시 각 방안을 몇 개의 칸으로 나누어 그대로 옮겨 그린다.

위의 설명은 김정호의 인식론이 서양의 원자론적 사고와 유사함을 보여 주는 대목이다. 원자론적 사고의 가장 큰 특징은 '부분의 합은 전체이다'는 것이다. 전체를 부분부분으로 나누어 인식한 다음에 다시 합치면 전체의 형상을 얻을 수 있다는 것이다.

그러나 동양의 사고에서는 전체는 항상 부분의 합 이상이었고 전체 그대로 통찰할 수 있어야 한다고 생각되었다.

김정호의 지도 제작법 가운데, 방안법은 중국의 지도에서는 이미 오래 전부터 사용되었던 것이다. 그러나 김정호가 방안법을 사용하였던 철학적 바탕은 근대적 영향을 받은 것이었다.

그리고 지도에 산천과 정보를 표시하면서 '기호'를 사용함으로써 더욱 근대적 인식에 가까워진 모습을 보여 주었다. 그는 기호의 사용을 통한 정보의 유통과 축적에 큰 관심을 기울였던 것이다.

☞ **다 함께 생각해 봅시다**

17세기 이후 조선은 국토에 대한 이해를 고양하면서 자국의 물산과 문화를 정리하려는 움직임을 강하게 보였다. 이 같은 움직임은 지리학의 발달로 연결되었고 지도 제작 활동도 더욱 활발해졌다.

한편 19세기에 활동한 근대적 지리학자인 김정호는 지도 제작에 축척과 방안, 기호 등의 근대적 지리 개념과 방법을 도입하였다. 김정호의 지리학에 나타나는 근대적 성격은 무엇인가 다 함께 생각해 보자.

# 사상의학(四象醫學)과 근대 인간의 탄생
이제마(李濟馬)

이제마는 『동의수세보원』에서 체질 의학의 이론으로서 독특한 사상의학(四象醫學)을 확립하였다.

## 이제마의 탄생

『동의수세보원(東醫壽世保元)』의 저자 이제마는 1837년(헌종 3) 3월 19일에 함흥의 반용산 기슭 사촌(沙村)에서 서자로 출생하였다. 이제마의 자는 무평, 호는 동무(東武)이다.

그의 부친 이진사가 하루는 향교의 일로 나갔다가 돌아오는 길에 동료들과 주막에서 술을 마시게 되었다. 그 주막집의 늙은 주모가 인물이 못난 딸을 하나 데리고 살았는데 나이가 많을 뿐 아니라 정신도 약간 이상하여 시집을 못 가 걱정하고 있었다. 마침 젊은 선비들이 모여드는 것을 기회로 자기 딸을 처녀나 면하게 해주어야겠다 생각한 주모는 이진사가 대취하도록 술을 마시고 놀게 하였다. 술에 약한 이진사는 마침내 정신을 가누지 못하고 술에 곯아떨어지고 말았다. 술깨기를 기다리던 동료들도 날이 저물자 할 수 없이 이진사를 주모에게 맡기고 집으로 돌아갔다. 이것을 계기로 주모의 딸과 이진사는 하룻밤의 인연을 맺게 되었다.

이 일이 있은 뒤 10개월이 지난 어느날 이진사의 부친 충원공이 꿈을 꾸었다. 그 꿈 속에서 어떤 사람이 탐스럽게 생긴 망아지를 끌고 와서 하는 말이 '이 말은 제주도에서 가져온 천리마로 아무도 알아주는 사람이 없어서 귀댁에 두고 가니 받아주십시오'라고 하였다. 충원공은 너무도 기쁜 나머지 그 망아지를 쓰다듬어 주고 있다가 꿈에서 깨어났다. 하도 이상한 꿈이라 누워서 곰곰이 생각하고 있는데 밖에서 이진사를 찾는 여자의 다급한 목소리가 들렸다.

급히 하인을 불러서 나가 보라 하였더니 잠깐 뒤에 키가 장대한 여인을 데리고 들어왔다. 그 여인은 포대기에 싸인 어린아이를 앞에 내려 놓고 '진사님의 아이오니 받아 주어야 하겠습니다' 하는 것이었다.

충원공은 아들을 불러 자초지종을 물었다. 이진사가 대답이 없으므로 조금 전의 길몽을 생각하면서 보통 일이 아님을 깨닫고 받아들이도록 하였다. 그리고 아기 이름을 '제주도의 말'이라는 의미의 '제마(濟馬)'라고 지었다. 이 아기가 후일 '사상의학(四象醫學)'을 만들어 낸 이제마이다.

이제마의 할아버지는 이제마가 큰 인물이 될 것을 믿고 만년에 가족들을 모아 놓고는 서자라고 푸대접을 해서는 안될 것이라고 간곡히 부탁하였다. 이제마는 몹시 총명해서 어려서부터 공부를 잘했고 자라서는 호를 동무(東武)라고 지을 만큼 무인 기질도 있었다.

그는 성격이 활달하고 호방하여 한 곳에 머무르는 법이 없었다. 언제나 나그네처럼 길을 떠나 전국을 방랑하였다.

만주지역으로 건너가 유랑하다가 의주로 돌아오는 길이었다. 의주에서 가장 유명한 부자였던 홍씨라는 사람이 이제마의 사람됨이 비범함을 깨닫고 그를 집으로 초대하였다. 며칠 머물고 가라는 것이었다. 중국과 가까운 의주에 살았던 홍씨는 당시 중국에서 간행되었던 최신 의학 서적을 가지고 있었고 여기 머무는 동안 이제마는 서양 의학 서적을 처음 대하게 된다.

서출인 탓에 관리로 출세하여 백성을 사랑하는 정치를 베풀 기회가 자신에게 주어지지 않을 것임을 잘 알고 있었던 이제마는 애민(愛民)할 수 있는 차선책으로 의술을 공부하기로 마음먹었다.

19세기 조선에서는 콜레라가 여러 차례 발병해서 백성들을 죽음으로 몰고 가곤 했다. 19세기 초반에 멀리 인도로부터 유입되었던 콜레라는 치사율이 높아 공포의 대상이었다.

'살아 있는 백성을 다스리는 것도 중요하지만 백성을 살리는 길이라면 더 중요한 도(道)이리라.'

이제마는 마음 속으로 굳게 다짐하고 의학 공부를 열심히 하였다. 물론 전통적인 한의학 서적들을 통해서였다.

무인기질이 있었던 이제마는 의학공부를 하면서 무관으로 활약하기도 했다. 조선조 말기는 일본과 청국, 러시아 등 주변 나라들이 호시탐탐 조선을 노리는 난국이었다. 이제마는 당시 고급 무관이었던 김기석과 친분이 깊었는데 그는 이제마의 인물됨을 아껴서 왕에게 여러 차례 추천하였다. 이로 인해 이제마는 병마선무과에 등용되었고 무위장, 진해 현감을 거쳐 병마 절도사에 이른다.

그러나 이제마는 자신의 역할이 생명의 치료에 있다고 생각, 고향인 함흥으로 돌아가 의학공부를 더 열심히 하기로 마음먹었다. 그는 만년에 고향인 함흥으로 돌아와 보원국(保元局)이라는 약국을 냈는데 약값을 받는 일이 없고 사례를 받더라도 좁쌀 두 되 정도밖에는 받지 않았다. 그의 약국에는 손님이 끊이지 않았고 멀리 서울에서도 손님이 찾아들었다.

함흥에서의 생활은 이제마에게 그 동안 자신이 겪었던 지적 편력(知的 遍歷)을 정리할 수 있는 기회와 시간을 주었다.『동의수세보원』의 저술도 이때 이루어졌다.

### 사상의학(四象醫學)의 탄생

『동의수세보원』은 이제마가 1893년(고종 30) 3월 13일부터 다음해 4월 13일까지 쓰고 그 후 거의 7년여 동안 고치거나 증보한 것을 그가 죽은 후인 1901년(광무 5) 제자들이 간행한 것으로 모두 4권 29항목으로 되어 있다.

각 항목별로 내용을 보면 1권은「성명론(性命論)」,「사단론(四端論)」,「확충론(擴充論)」,「장부론(臟腑論)」으로 나뉘어 있다. 2권에는「의원론(醫源論)」,「소음인신수열표열병론(少陰人腎受熱表熱病論)」,「소음인위수한이한병론(少陰人胃受寒裡寒病論)」,「범론

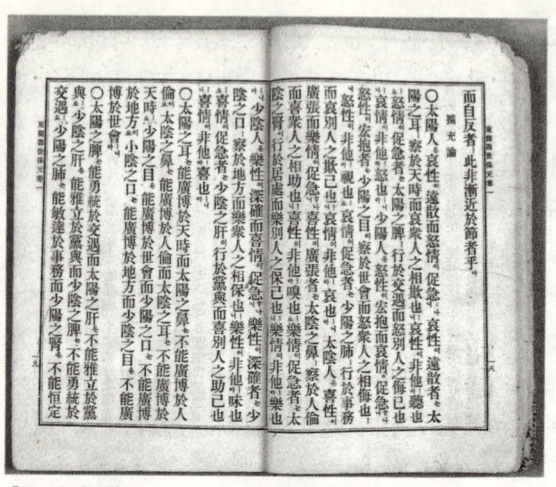

『동의수세보원』

(泛論)」 등이 소개되어 있다. 3권에는 「소양인비수한표한병론(少陽人脾受寒表寒病論)」 등의 내용이 소개되어 있고, 마지막으로 4권에는 「태음인위완수한표한병론(太陰人胃脘受寒表寒病論)」, 「태음인간수열리열병론(太陰人肝受熱裏熱病論)」, 「광제설(廣濟說)」, 「사상인변증론(四象人辨證論)」 등이 있다.

이제마는 자신의 의학론이 기존의 한의학과 다름을 주장했고 그의 이런 입장은 「의원론」에 잘 나타나 있다.

나는 이 세상에 의약 경험의 전래가 있은 지 5~6천 년이 흐른 뒤에 태어났다. 때문에 앞사람들의 저술을 볼 수 있었고 우연히 사상인(四象人)의 오장육부의 성질이 다른 것을 알게 되었다. 몇 년 동안 노력하여 한 책을 저술할 수 있었으니 이름을 『수세보원』이라 하였다.

옛날의 의사들 가운데 중국에 장중경이라는 의원이 말한 태양병(太陽病), 소양병(少陽病), 양명병(陽明病), 소음병(少陰病), 궐

음병(厥陰病) 등의 구분이 있었다. 그 구분은 대개 병의 증상[病症]의 차이를 구분하여 논한 것이다. 그러나 내가 말하는 태양인(太陽人), 소양인(少陽人), 태음인(太陰人), 소음인(少陰人)이라는 사상인은 병의 증상으로 구분한 것이 아니라 인간의 체질이 서로 다른 4가지로 구성되어 있다고 논한 것이다. 서로 상이한 이 두 가지를 혼동하여 보아서는 안된다. 그리고 번거롭다고 싫증을 내서도 안된다. 계속 연구를 해야 그 뿌리를 더듬어 잘 알 수 있고 세세한 부분까지도 알 수 있는 것이다. 맥을 집어 보는 것은 병증을 판단하기 위한 한 방법이니 그 이치가 부침지삭(浮, 沈, 遲, 數)에 있다. 사실 그렇게까지 깊이 연구할 필요는 없다. 그리고 삼음(三陰), 삼양(三陽)은 증상이 같은 점과 다른 점을 감별하는 것이다. 그 이치가 복배인 표리에 있으므로 반드시 그 경락을 연구할 것이 없다.

여기서 주목되는 것은 이제마의 병증론(病症論)이다. 이제마는 기존의 병증론이 병을 분류하는 것이었다면 자신의 병증론은 사람을 중심으로 분류하였다고 말하였다. 즉 병에서 인간으로 병증론의 주목 대상이 바뀐 것이다. 병을 치료하는 분석틀의 대상을 병에서 인간으로 바꾸었다는 사실, 이것이 왜 그토록 중요한가.

근대성의 중요한 특징 중 하나는 인간, 특히 개인의 발견이다. 자본주의가 급속히 진행되면서 나타난 가장 큰 변화는 공동체 생활의 붕괴와 함께 등장한 개체로서의 인간들이었다. 그들은 개개인마다 특성이 있거나, 신분으로 구분되는 것이 아닌 통계적으로 처리될 수 있는 인간들이었다. 즉 개성이란 하나도 없이 생물학적 또는 통계학적 차원으로 환원되는 인간이었던 것이다.

19세기 말 조선에서도 산업화가 진행되면서, 농촌인구의 도시유입이 늘어나기 시작했다. 농촌의 도덕경제는 허물어져 갔고 농촌공동체의 끈도 느슨해졌다. 이전의 농촌공동체 속에서는 각 개인이 '누구의 삼촌' 또는 '누구누구의 친척으로 누구와는 몇 촌이다' 하는 숫자로 표시되었다. 공동체 네트워크의 그리드(greed : 그물망) 속에 위치지워졌던 것이다.

그러나 이제 20세기의 인간은 오로지 자신의 신체 하나만으로 구분되기 시작했다. 19세기 후반부터 20세기 초반에 걸쳐 조선에서도 이러한 근대적 신체 개념이 탄생했다.

이제마는 서양식 개념의 '개인'을 발견한 것은 아니었다. 해부학의 전통에 서 있었던 것도 아니고 서양 의학이 딛고 있는 기계적 철학을 수용한 것도 아니었다. 그러나 조선의 역사발달 과정에서 나타난 '개인의 돌출'을 발견한 우리 나라 최초의 의학자였다는 점이 중요하다. 전통 한의학을 공부하면서 돌출된 개인을 한의학적 시각과 전통 유학의 관점에서 추출한 것이다. 즉 조선의 근대화 도중에 나타난 '신체의 근대화'를 포착한 것이다.

이제마는 '사상(四象)'의 개념으로 신체를 4개의 카테고리로 구분하면서, 이 구분 안에서는 모든 인간을 양반이니 상놈이니 하는 신분에 상관없이 동일한 카테고리의 신체로 사고, 분류하였다.

오늘날 태소음양인(太少陰陽人)을 살펴볼 때, 한 고을의 인구를 만 명으로 가정하고 논한다면 태음인(太陰人) 5천 명, 소양인(少陽人) 3천 명, 소음인(少陰人) 2천 명의 비례로 되며, 태양인(太陽人)은 극히 드물어서 한 고을을 통틀어 3, 4명 내지 10여 명에 불과하다. (「사상인변증론(四象人辨證論)」)

이제마가 위와 같이 '사상(四象)'을 구분한 기준은 각 개인별 장기의 차이였다. 이에 대한 그의 생각은 「사단론」에 나타나 있다.

사람이 부모에게서 타고난 장기의 생리가 각각으로 서로 같지 않으니, 폐가 크고 간이 작은 사람을 태양인(太陽人)이라 부르고 이에 상대성인 자를 태음인(太陰人)이라고 한다. 비(脾 : 비장, 지라)가 크고 신(腎 : 신장)이 작은 사람을 소양인(少陽人)이라 하고 그 반대인 것이 소음인(少陰人)이다.

그가 말한 장기의 대소가 사상인에 따라 정확한 해부학적인 차이가 있었는지는 잘 모르겠으나 그의 사상(四象)은 장기의 실제 크기가 크고 작다는 해부학적 차이보다는 타고난 기능의 허실(虛實)을 말한 것이었다. 따라서 완전하게 개개인을 구분한 것은 아니었다.
그러나 전통적인 한의학의 카테고리를 근대적 시각으로 재구성한 이제마의 사상의학은 근대적 신체의 탄생에 걸맞는 근대적 의학의 탄생을 예상한 것이었다. 그리고 이러한 바탕 위에서 본격적인 서양 의학의 도입도 가능하였다.
이제마는 사람의 체형·기상·성질·장기의 생리가 사상(四象)의 4가지 형태로 귀착된다는 연역법을 실증하기 위해 많은 실험을 했다. 과년한 처녀에게 수치심을 유발시켜 체질을 파악한다든지, 사람들에게 시비를 걸어서 성격의 완급과 표정의 변화를 살피면서 사상(四象)의 성질을 적용하기도 하였다. 그리고 사상인(四象人)의 각 체질에 맞는 약성을 실험하기 위해 산간 벽지에 들어가 각종 약초를 실험하기도 했다.
이제마의 사상의학은 앞으로 연구되어야 할 부분이 많다. 19세기 후반 이제마 의학의 중요성은 조선의 의학이 자체 발달을 하면서 전과 다른 모습을 보여주는 가능성의 맹아였다. 서양 의학이 수입되고 나서야 조선의 의학이 근대 의학으로 전환되었다고 생각하는 것은 성급한 것이 아닐까.

### ☞ 다 함께 생각해 봅시다

이제마의 사상의학(四象醫學)은 신체에 대한 의학적 관점이 근대적으로 변화하는 시초를 열었다는 점에서 중요하다. 근대 의학의 탄생에서 가장 중요한 변화는 병인론(病因論)의 시각 변화였다. 병의 원인이 개인을 둘러싼 환경에서 개인의 차원으로 환원될 수 있다고 생각하게 된 것이다.

한의학은 전통적으로 인간과 환경과의 관계를 가장 중요시하는 학문 체계였다. 물론 이제마의 사상의학(四象醫學)도 한의학의 기본 원리에서 크게 벗어난 것은 아니었다. 그러나 인체의 구분과 이를 통한 치료 효과라는 등식의 성립은 병리학적 관심이 개인의 몸으로 구체화되었다는 것으로 근대적 신체관의 측면을 보여준다.

이제마의 '물성(物性)의 극대화에 따른 인성(人性)의 물성화(物性化)' 그리고 '사상(四象)에 의한 구분' 등의 개념은 근대적 신체의 탄생을 점치는 기준이 될 수 있을 것이다.

# 근대적 학문의 출발

## 최한기(崔漢綺)

실학사상은 몇 가지 역사적 의의를 지니고 있었다. 첫째, 실학에는 민족주의적 성격이 담겨 있었다. 당시의 성리학은 중국 중심의 세계관으로서 거기에서는 우리의 문화가 중국 문화의 일부로밖에 인식되지 않았으나, 실학자들은 우리 문화에 대한 독자적 인식을 강조하였다. 둘째, 실학에는 근대지향적인 성격이 내포되어 있었다. 실학자들은 사회 체제의 개혁, 생산력의 증대를 통해 근대 사회를 지향하고 있었다. 셋째, 실학은 피지배층의 처지를 대변하고 옹호하고자 하였다. 성리학이 봉건적 지배층의 지도 원리였다면 실학은 피지배층의 편에서 제기된 개혁론이었다.

### 책벌레 최한기

한국 전근대 시기에서 최한기는 가장 과학적인 인물 중 하나로 꼽힌다. 그는 독특한 기일원론(氣一元論)을 주장하였고 천문학, 광학 등 다양한 서양 지식을 집대성하여 조선 최대의 백과사전인『명남루총서(明南樓叢書)』를 만들었다.

최한기(1803~1877)는 19세기 초에 태어나서 19세기를 살다 간 19세기 인물이다. 그는 19세기 시대 정신을 표출하였던 사람이요, 근대성에 대해 깊이 고민했던 인물이었다.

최한기는 1803년(순조 3)에 아버지 최치현과 어머니 청주 한씨의 독자로 태어났다. 어렸을 때 아버지가 돌아가시자 그는 큰집에 양자로 들어가게 된다. 최한기의 집안은 양반 가문이기는 했지만, 그의 직계 조상 중에 문과에 급제한 사람이 없는 것으로 보아 낮은 가문이었던 것 같다. 최한기 자신도 거의 일평생을 생원이라는 한미한 양반으로 지냈고, 그의 아들이 문과에 합격한 것도 최한기 말년의 일이다.

최한기의 생부(生父)와 양부(養父)가 모두 학문을 가까이하는 사람이었고, 이는 어려서부터 책읽기를 좋아했던 최한기에게 좋은 환경을 제공해 주었다. 최한기는 책을 읽다가 심오한 뜻을 만나면 오랫동안 생각하다가 스스로 이해하고 연구하였다 한다.

서울에서 출생한 최한기는 줄곧 서울에서 살았다. 30대에는 서울의 남대문 부근에서 살았고, 40대 후반에는 현 중앙청이 가까운 송현의 상동에서 집을 짓고 살았던 것으로 보인다. 그는 서울 토박이였다. 고관 대작은 아니었으나 그래도 양반 가문에서 태어난 최한기는 서울의 북쪽지역을 무대로 자신의 삶을 꾸려나갔던 것이다.

당시 서울이라는 지역이 가지는 지역적 특성과 이미지는 매우 중요하다. 19세기에 이미 한양은 거대한 도시 문화의 특색을 갖추고 있었기 때문이다. 상업 도시와 행정 도시로서의 기능 이외에 문화적 중심지로서의 역할도 매우 컸다. '말은 태어나면 제주도로 보내고 사람은 태어나면 서울로 보낸다'는 속담이 어색하지 않았던 시절이었다. 최한기처럼 계속 서울에 살았던 인물들은 도시 문화가 주는 변화의 물결을 감지하기 쉬웠다.

최한기가 소비 행정 문화의 도시였던 서울에서 나서 죽을 때까지 살 수 있었다는 사실은 그가 어느 정도 부를 가지고 있었으며 서울에서 지적 활동을 할 수 있는 배경을 확보하고 있었을 것이라는 추측을 가능하게 한다. 최한기는 그의 양아버지로부터 상당한 재산을 물려받아 식자층에서는 꽤나 알려진 부자였던 모양이다.

당시 조선에는 중국의 새로운 서적 그리고 서양관계 번역서들이 북경을 통해 많이 수입되고 있었다. 물론 일반인들이 구하기는 쉽지 않았지만 최한기는 바로 이런 책들을 구입해 읽었다.

최한기의 친구 중에는 우리도 익히 알고 있는 김정호와 이규경이 있다. 그들은 대부분 서울에 거주하면서 서로 친분관계를 유지했던 것으로 보인다. 이들은 훌륭한 학식에도 불구하고 여러 제약으로 출세를 하지 못하는 공통점을 갖고 있었고 종종 만나 회포를 풀며 19세기 정세에 대해서 토론하였던 것으로 보인다. 김정호는 지리학자로서의 자신의 식견을, 이규경과 최한기는 여러 가지 분야에 대한 연구를 토대로 서로 토론을 하였다. 오늘날로 말하자면 당대 최고의 지성인들이 모여서 자신들의 입장을 가지고 학문적 토론을 벌였던 것이다.

특히 최한기는 상당한 양의 좋은 서적을 구비하고 있었기 때문에 당시 학자들의 부러움을 샀다. 이규경도 『오주연문장전산고』라는 거질의 저술을 남길 만큼 집안 대대로 서적이 많은 사람이었지만 최한기의 서재를 구경하고 나서는 정말로 희귀하고 중요한 서적을 많이 가지고 있다고 부러워할 정도였다. 이러한 사실은 최한기가 서울에서 구할 수 있는 책이란 책은 모두 사들였기 때문에 전국의 서적상들이 최한기에게 책을 팔기 위해 모여들었다는 기록에서도 확인된다. 특히 조선땅에 들어오는 중국 서적은 먼저 최한기의 손을 거쳤다 하니 그의 새로운 학문에 대한 학구열이 어느 정도였는지 가히 짐작이 간다.

한번은 알고 지내던 사람이 요즘 책값이 너무 비싸다는 불평을 하는 것을 들은 최한기가 그를 조용히 불러 다음과 같이 말했다고 한다.

책을 구하는 데 돈이 너무 많이 든다고 투정하기 전에 이 책 중의 인물이 나와 동시대의 사람이라고 가정해 보자. 그가 나와 같이 살아 있다면 그를 만나기 위해서 천 리라도 불구하고 찾아가야 하지만 지금 이 책으로 말미암아 나는 아무 수고도 하지 않고 가만히 앉아서 그를 만날 수 있다. 책을 구입하는 것이 돈이 많이 든다고는 하지만 식량을 싸가지고 먼 여행을 떠나는 것보다는 훨씬 낫지 않겠는가?

그가 얼마나 책을 소중히 여기고 또 새로운 지식을 귀하게 여겼는지 알 수 있는 이야기이다.

### 최한기의 기(氣)학설

최한기는 그의 서재를 '기화당(氣化堂)'이라고 할 만큼 기(氣)를 중시하였다. 기(氣)는 그의 우주관 및 사회 정치관 등의 기초가 되는 사상적 범주였다. 특히 그가 주장한 '대기운화(大氣運化)'는 자연

놋쇠지구의
19세기에 최한기가
만든 것으로 추정된다

의 운동법칙을 구현한 것으로 우주 자체의 발전 원리였다. 아마 자연의 진보적 발전을 염두에 두었는지도 모른다. 그는 기(氣)의 변화, 발전을 인간을 포함한 자연사의 원동력으로 보았다. 따라서 기(氣)를 연구함으로써 자연의 이치와 인간 세계의 원리를 모두 이해할 수 있다고 보았다.

그는 지식도 진보한다고 보았다. 시간이 흐를수록 고급의 지식이 증가하는데 그 이유는 기존의 지식을 바탕으로 계속 축적되기 때문이라는 것이다. 또 사람의 수가 늘어나면서 여러 사람의 머리에서 나온 지식이 그 이전에 비하여 진보한다고 생각했다. 그에게 중요한 것은 많은 지식을 집적하는 일이었다. 서구의 새로운 지식을 가급적이면 다 끌어 모으려 한 이유도 여기 있다.

이러한 그의 학문관은 『인정(仁政)』 8권 16장에 잘 나타나 있다. 모든 지역의 지식이 모두 모였을 때 진정한 학문이 탄생한다는 것이 그의 입장이었다.

주야(晝夜)의 운행과 시간의 흐름이 모두 지구와 전체를 연구하면 알 수 있는데 사람들은 지구에 붙어서 각각 그 지방에 국한되어 살고 있으므로 그 왕래가 기껏 천 리 내지 만 리에 불과하다. 그러니 어찌 지구 전체를 볼 수 있겠는가. 지구의 전체를 올바르게 알려면 천하 사람들의 발자취가 닿는 모든 지역의 지식이 갖추어져야 할 것이다.

옛사람이 알지 못하는 수준의 지식으로 오늘날 발달한 지식을 갖춘 사람을 비판해서는 안된다. 옛날에 태어나지 않고 오늘날에 태어났다고 하는 즐거움이 바로 여기에 있는 것이 아니랴.

최한기는 기존의 유학에 대해서는 비판적이었다. 보통 유학공부를 한다고 하면 고전에 주석(註釋)을 다는 행위가 기본이다. 가령 주자가 공자의 『논어』를 이런 식으로 해석하였는데 그것이 옳은 것인가, 그렇지 않다면 나는 이런 식으로 해석을 붙여 보겠다는 등의 공부방식이 유학적 전통이었다. 그러나 최한기는 이와 같은 주석의 전통에서 벗어나 자신의 새로운 관점에서 지식을 축적하고 또 정리하고 있다.

가장 중요한 것은 그가 인식하는 주체로서의 인간에 대한 물리적 관심을 체계적으로 서술하고 있다는 점이다. 물론 유학에서도 심(心)이나 정(情), 성(性) 등과 같은 인간의 인식 수준의 철학적 개념이 없는 것은 아니었다. 그러나 적어도 우리 나라에서는 최한기가 처음으로 인체 생리학적 차원에서의 인식 수준을 논한 것이 아니었던가 한다.

최한기는 그의 철학 가운데 '신기(神氣)'라는 인식의 문제를 다루었다. 『신기통(神氣通)』이라는 그의 저술에서 최한기는 인간이 사물을 인식하고 이해하는 구체적인 방법에 대하여 논의하고 있다. 「체통(體通)」, 「목통(目通)」, 「이통(耳通)」, 「비통(鼻通)」, 「구통

(口通)」, 「생통(生通)」, 「수통(手通)」, 「족통(足通)」, 「촉통(觸通)」 등의 조목으로 나누어 인식의 구체적인 감각과 과정을 서술하고 있는 것이다.

이렇게 인간이 인식의 주체로서 하나의 관점에서 다루어질 수 있다는 생각 뒤에는 인간의 물리적 구성 원리가 서로 동일하다는 원칙이 있었다. 즉 양반이나 상놈으로 신분이 나뉘는 것은 인간 자체의 생물학적 원리 때문이 아니고, 사회적 차별의 과정임을 주장한 것이다. 따라서 그는 농부나 기술자라고 할지라도 하늘의 뜻(자연의 법칙)을 읽을 수 있다면 그들이 곧 유학자라고 주장하였다. 그의 이러한 사상은 신분 평등의 이념을 그 바탕에 두고 있는 것이다.

최한기에 이르러 비로소 근대적 인간의 개념이 형성된 것이다. '개체'의 자각과 그 개체의 지식이 진보하고 발달한다는 원리를 기(氣)라는 단일한 법칙으로 설명할 수 있다는 환원론은, 그의 사고가 기존의 전통과는 다르게 나아가고 있음을 보여주는 증거들이다.

### ☞ 다 함께 생각해 봅시다

우리의 근대화는 외압에 의해 이루어졌고 오늘날에는 '근대'라는 의미 자체가 혼돈스러워지고 있다. 무엇이 '근대'인가 그리고 무엇을 향하는 것이 '근대화'인가, 너무도 어려워진 질문이다. 십여 년 전만 해도 '근대화' 또는 '근대'란 당연한 것이었고 철학적으로도 그리 어렵지 않은 주제였다. '근대'라는 말이 어떻게 형성되었는가, 다 함께 생각해 보자.

# 근대화와 과학 기술

곰보를 막아라—지석영
전기·전신·전화, 근대화의 상징—상운
과학 운동의 기수—김용관

# 곰보를 막아라

## 지석영(池錫永)

개항 이후 근대 문물과 과학기술을 도입하여 교통, 통신, 전기, 의료, 건축 등 각 분야에 새로운 시설을 갖추었고 이에 따라 생활 양식도 변모하게 되었다. (중략) 새로운 의료 시설과 기술도 도입되었다. 정부는 근대적 병원인 광혜원을 설립하고 선교사 알렌으로 하여금 운영하게 하였다. 이에 앞서 지석영은 종두법을 연구, 보급시켜 국민 보건에 공헌하였다. 그 뒤에 정부는 광제원과 대한 의원 등을 설립하여 신식 의료 기술을 보급하였고, 전국 각지에 자혜 의원을 세워 의료 시설을 확장하였다. 한편 세브란스 병원이 세워져 의료 보급에 기여하였다.

## 곰보를 막자

이후원(李厚源) : 코 끝에 약간, 이덕수(李德壽) : 코 주위, 어유룡(魚有龍) : 얼굴 전체, 김상적(金尙迪) : 얼굴 전체, 이성원(李性源) : 얼굴 밑, 서유구(徐有榘) : 눈과 코 주위

초상화가 남아 있는 조선 시대 유명인사들 가운데 얼굴에 곰보 자국이 있는 사람을 몇 적어본 것이다. 마마, 오늘날의 병명으로는 천연두이다. 오랫동안 사람들을 괴롭혔던 천연두의 치료 방법은 인두(人痘)나 우두(牛痘) 예방 접종을 받는 종두법(種痘法)뿐이다.

우리 나라에서 처음으로 종두에 관심을 가진 것은 정약용이었다. 그는 1799년 의주에 사는 한 선비가 종두에 관한 책을 가지고 있다는 소식을 듣고는 그 책을 빌어다가 연구하였다. 정약용은 종두의 이론과 방법을 익히고 1800년 종두에 관한 책을 저술하면서 종두 보급에 나섰다.

1799년 가을, 당시 의주 부윤(府尹) 이기양(李基讓)이 임기를 마치고 돌아왔는데 그의 아들이 정약용에게 말하기를, '의주의 어느 사람이 중국의 연경에 들어갔다가 『종두방』을 얻어 왔다'고 하였다. 정약용은 급히 달려가 그 책을 보니, 천연두 예방법이 자세하게 기록되어 있었다.

천연두가 성한 사람의 딱지 7~8개를 사기 그릇에 넣고 손톱으로 맑은 물을 한방울 떨어뜨린다. 그 다음 으깨어 즙액을 만들되 너무 진하지도 묽지도 않게 한다. 그리고 새 솜을 대추씨 크기만큼 뭉친 다음에 가느다란 실로 꽁꽁 매어 단단하게 한 후 천연두 즙액에 담갔다가 콧구멍에 넣는다. 남자는 왼쪽, 여자는 오른쪽 콧구멍에 넣는다. 며칠이 지나면 아이가 통증을 느끼면서 턱 아래나 목 주위에 반드시 콩알만한 것이 돋게 된다. 이것이 천연두 접종의 징

후이다. 이렇게 며칠 목이나 신체 부위에 부스럼이 생기고 고름이 차다가 아물면 딱지가 생긴다. 이렇게 하여 백 사람이 접종하면 백 사람이 살고 천 사람이 접종하면 천 사람이 사는 것이다.

정약용은 『종두방』에 나와 있는 천연두 예방법을 연구하여 보급하고자 하였다. 그러나 사람의 천연두 딱지를 떼어내는 과정과 즙액의 농도가 일정하지 않아 문제가 있었다.

한편 북학파였던 박제가도 일찍부터 인두법에 대한 관심이 컸다. 사람들을 보기 흉한 몰골로 만드는 천연두를 예방해야겠다는 생각과 함께 천연두로 어린아이들이 너무 많이 희생되었기 때문이다. 실학자로서 부국(富國)을 꿈꾸던 그는 대국(大國)은 인구가 많아야 하고 그러기 위해서는 어린아이들의 사망을 막는 것이 중요하다고 보았다. 따라서 어린아이들이 가장 많이 걸리고 치사율도 높았던 천연두를 예방하고자 했던 것이다.

1800년 정약용의 집을 방문하였던 박제가는 정약용이 그 동안 적어두었던 『종두설』을 보고 기뻐하면서 다음과 같이 말했다.

우리집에도 인두설에 관한 처방이 있는데 규장각의 책 가운데 일부를 내가 베껴 둔 것이네. 너무도 간략하게 해 두어서 정확한 치료법을 잘 몰랐는데 이 책을 보고 연구하면 좋을 것 같군.

정약용은 위의 저술들을 연구하여 드디어 종두에 관한 작은 책자를 한 편 쓸 수 있었다. 이후 정약용과 박제가는 서로 인두를 어떻게 하면 잘 보관하고 또 채취할 것인가를 연구하고 토론하였다. 그러다가 박제가가 영평이라는 고장에 부임하게 되면서 서로 연락이 뜸하였다. 그 후 어느날 박제가가 정약용의 집에 찾아와서,

다산. 기뻐하게. 두종(痘種 : 인두를 오래 보관하고 효과가 좋도록 잘 채취한 것)을 만들었다네. 내가 영평현에 부임하여 인두 접종에 관한 일을 관리들에게 말하였더니 이방(吏房)이 골몰히 연구하여 두종 하나를 잘 채취해서 관리하는 법을 알아내었네. 먼저 자기 아이에게 접종해서 성공을 보았지. 그리고 두번째로 관아의 노비 아들에게 접종하고 또 계속해서 내 조카에게도 접종하였더니 모두 효과가 좋았다네. 그래 이제 되었구나 하고는 그 마을의 의사인 이씨에게 종두법을 가르쳐 북쪽 지역에 가서 접종케하였네.

고 하면서 그 동안의 경과를 설명해 주었다.

정약용과 박제가는 종두 접종에서도 실학자다운 학구적 열의를 보였던 것이다. 아마도 정약용과 박제가의 종두 접종이 우리 나라에서 천연두 예방의 첫번째 시도일 것이다. 접종 결과는 꽤 좋았으며 이제 인두 접종을 할 수 있는 기초가 마련되었다.

한편 박제가의 제자였던 이종인은 1817년 『시종통편』이라는 천연두 치료법을 저술하면서 스승에 이어 천연두 예방과 치료에 대해 연구하였다. 이종인은 북학파답게 청나라로부터 인두 접종에 관한 정보를 수집 연구하였다. 그러나 아직까지도 주로 천연두균을 사람에게서 채취하여 코를 통해 흡입하는 인두 방식을 사용하였다. 특히 인두의 균을 약화시켜 접종하거나 균을 흡입케하여 약간의 저항성을 가지게 했다. 그러나 사람으로부터 채취한 균의 성능이 일정치 않아 실패할 가능성이 높았다.

인두의 어려움 때문에 정약용은 우두를 시도하기도 했다. 인두에 비하여 우두법은 소에서 천연두균을 채취하는 방법이다. 정약용은 귀양살이에서 풀려난 후인 1835년 우두 접종에 관한 여러 가지 자료들을 섭렵하고 어느 정도 우두의 효과를 확신하자 어린 송아지의 마마 부위에서 균을 채취하여 어린아이에게 접종하였다. 그는 우두 접종에서 얻은 효과와 경험에 기초하여 우두 접종법의 발명 경위와 그 효과, 그리고 접종 방법에 대하여 밝힌 『마과회통』을 내놓았다. 그러나 그가 1835년 처음으로 실시한 우두 접종법은 잘 보급되지 못하였다.

## 우두를 접종하다

후일 우두법을 본격적으로 수입하고 연구한 사람은 지석영이었다. 지석영의 자는 공윤(公胤), 호는 송촌(松村), 본관은 충주로 서울 낙원동 중인의 집안에서 태어났다. 그는 의학 교육을 받은 일은 없지만 일찍부터 서학(西學)을 동경하여 중국에서 번역한 서양 의학책을 혼자서 탐독하였다. 특히 제너의 종두법에 관심을 기울였다.

1876년 평소 잘 알고 지내던 박영선(朴永善)이 수신사로 일본에 가게 되자, 지석영은 일본에서 실시되고 있는 종두법의 상황을 알아봐 달라고 부탁하였다. 일본에서 박영선은 의사였던 오다키에게 우두법을 배우고, 당시 일본에서 우두법을 연구하고 의서도 저술하였던 구가의 『종두귀감(種痘龜鑑)』을 얻어다가 전해 주었다. 지석영은 너무도 기뻐 밤도 잊은 채 이 책을 열심히 읽었다. 그러나 아직도 미진한 곳이 몇 군데 있었다.

1879년 일본 해군이 세운 부산의 제생의원(濟生醫院) 원장 마쓰마와 군의관 도즈카가 종두에 관한 새로운 지식을 알고 있을 것이라고 생각한 지석영은 부산에서 2개월 간 머물면서 그들에게 종두법을 배웠다. 두묘와 종두침 2개를 얻어 가지고 돌아오던 길에 처가가 있는 충주에 들른 지석영은 그 곳을 배운 우두법을 시험하기 위한 장소로 삼았다. 그는 충주에서 동리 사람 40여 명에게 우두를 놓아주었

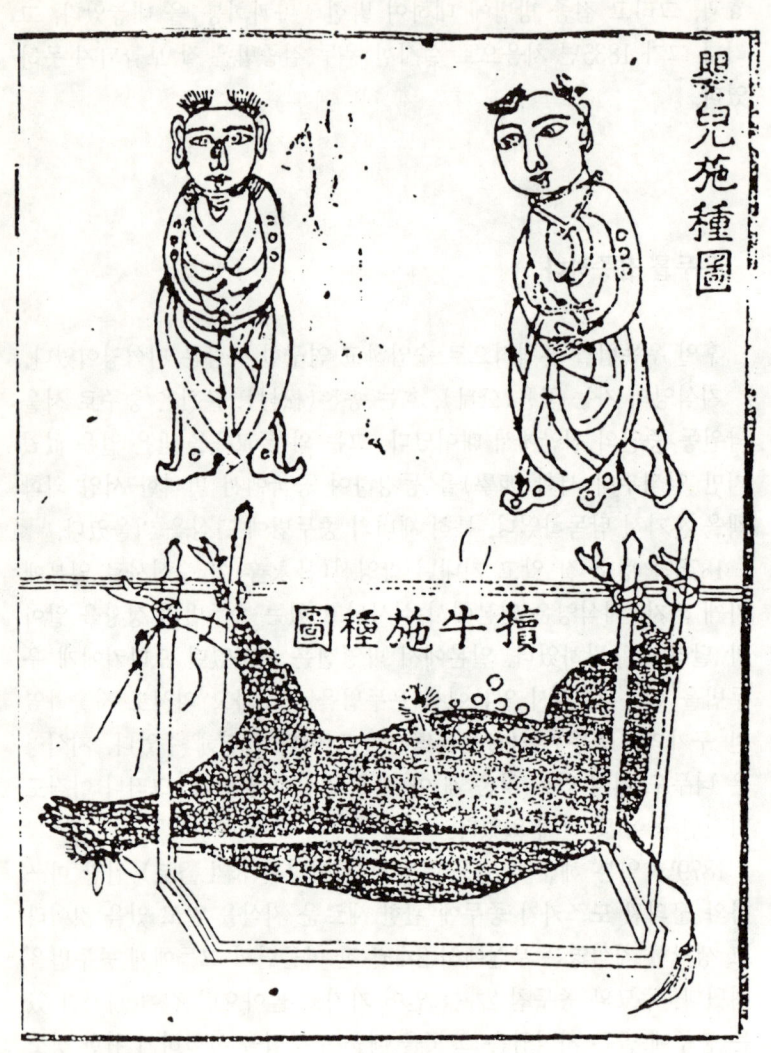

『제영신편』의 그림

다. 이외에도 서울로 돌아온 지석영은 종두를 실시하여 많은 성과를 보았다.

그러나 종두의 원료인 두묘(痘苗)의 공급이 원활치 않았다. 그는 직접 일본에 가서 종두에 관한 지식을 배우기로 하였다. 1880년 제2차 수신사는 좋은 기회였다. 지석영은 김홍집의 수행원으로 일본 동경에 건너갔다. 그리고 동경 위생국의 우두 종계 소장 기쿠치에게 종두 기술을 익히고 두묘의 제조, 저장법과 어린 송아지의 사육법 그리고 두장(痘醬)을 채취하는 방법을 배운 뒤, 두묘 50병을 얻어 가지고 귀국했다. 서울로 돌아온 그는 두묘를 직접 만들어 종두를 보급하는 한편 서양 의학을 더욱 열심히 연구했다.

1882년 임오군란이 일어나자 지석영에게 일본에서 종두법을 배웠다는 죄목으로 체포령이 내려졌다.

전통적으로 천연두의 원인으로 알려진 마마귀신은 대접을 잘하고 화가 나지 않도록 달래야 한다고 생각했다. 종두나 인두 등은 오히려 마마귀신을 화나게 해서 더 병을 깊게 만든다는 것이 당시의 미신이었다. 종두장은 난민들의 방화로 불타버리고 말았다.

이후 다시 정국이 바뀌자, 서울로 돌아온 지석영은 새 종두장의 건설에 힘을 쏟았다. 한편 전라도 어사 박영교(朴永敎)의 초청을 받아 전주에 우두국을 설치하여 종두를 실시하고 종두법을 가르쳤다. 이 듬해에는 충청도 어사 이용호(李容鎬)의 요청에 의하여 공주에도 우두국을 만들었다. 그리고 『한성순보』에 외국의 종두에 관한 기사를 실어 종두법을 널리 보급하기도 했다.

지석영은 1885년 그 동안 쌓은 지식과 경험을 종합해서 『우두신설(牛痘新說)』을 저술하였다. 여기에는 제너의 우두법 발견을 비롯하여 우두의 실시, 천연두의 치료, 두묘의 제조, 독우(犢牛:송아지) 기르는 법, 두묘 채취법 등이 간단하게 서술되어 있다. 또 같은 해 우두 교수관으로 전라도 지방을 순시하면서 우두 접종을 해 큰 성과를 거

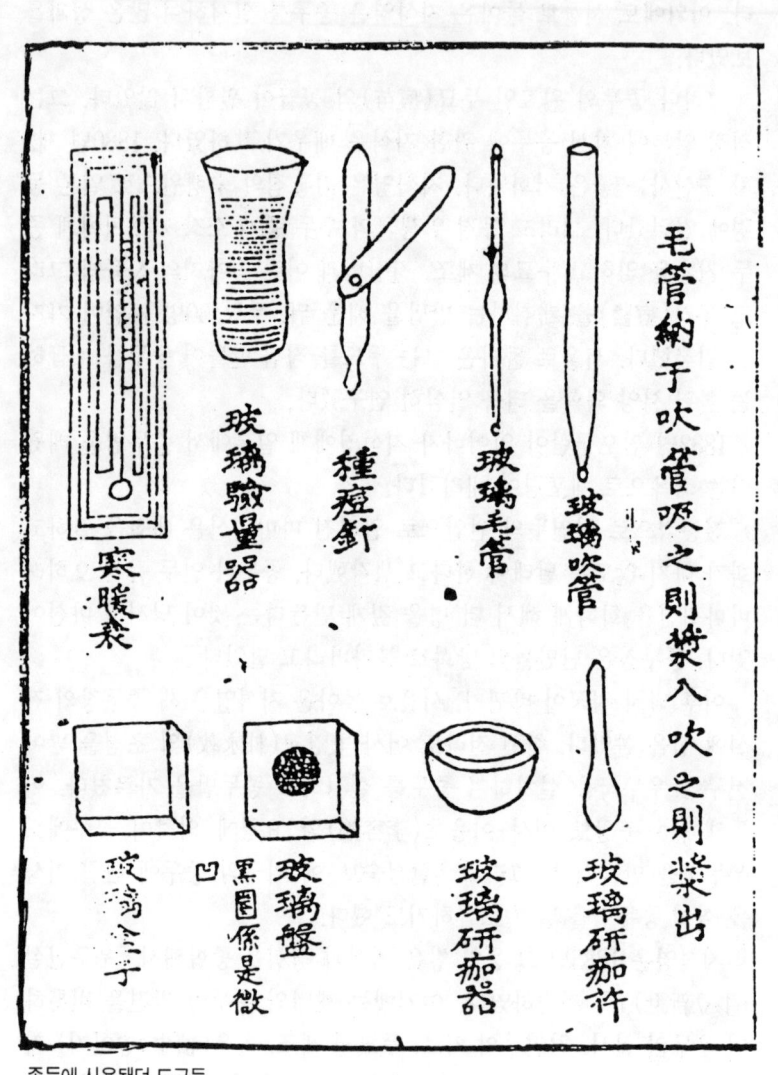

종두에 사용됐던 도구들

두었다.

　지석영은 1887년 전라남도 강진의 신지도(薪智嶋)에 유배되지만, 거기에서도 여전히 우두를 연구 실시하였다. 1892년 유배에서 풀려 서울로 돌아온 그는 이듬해 우두 보영당을 설립하고 많은 어린이들에게 우두접종을 실시하였다.

　우두에 대한 치료와 예방에 주력한 여러 사람들의 노력으로 드디어 1894년 갑오개혁 이후에는 우두 접종을 법적으로 인정받았다. 또 1895년 10월 10일에는 '종두 규칙'을, 1895년 11월 7일에는 '종두 의사 양성 규정'을, 1899년 6월 27일에는 '각 지방 종두 규칙'을, 1899년 9월 6일에는 '두창예방규칙'을 계속하여 제정함으로써 정부의 두창 치료와 예방에 대한 의지를 보여 주었다.

　당시 우두의 접종 가격은 낮은 편이 아니었으므로 의사들에게는 종두법을 배워 지방 각지에서 우두 접종을 해주고 돈을 벌 수 있는 기회가 되었다. 특히 정부가 강제로 우두의 접종을 권장함으로써 의사들에게는 좋은 수입원이 되었다. 서울에는 '한성종두사'라는 것이 설치되었고, 1900년 광제원이 설비되었을 때에도 한약소, 양약소, 그리고 종두소가 있을 만큼 우두 접종의 기회가 늘어났다. 1911년의 한 기록에 의하면 전국적으로 종두만을 놓아주는 종두 업자가 1,135명에 달했을 정도였다.

　곰보, 마마를 극복하려는 조상들의 이와 같은 노력은 꾸준하였다. 오늘날 천연두 환자가 거의 사라지게 된 것은 바로 인간을 괴롭히는 전염병을 막아내고자 했던 조상들의 노력의 결과인 것이다.

☞ **다 함께 생각해 봅시다**

'곰보'라는 병은 예전에는 하늘의 벌이라고 생각되었다. 그래서 어린아이가 천연두에 걸리지 않도록 무척이나 애를 썼다. 특히 천연두 신인 호구 별성마마라는 신에게 제사를 지내고 여러 방법을 동원해서 그냥 가기를 청했다. 정약용과 박제가는 천연두에 관심을 갖고 연구했던 학자들 중 하나이고 이종인도 마찬가지이다. 그리고 지석영은 천연두의 병리학적 이해를 가지고 서양의 의학을 도입하여 완치을 만들어 치료하였다.

천연두는 오늘날에는 사라진 병이 되어 버렸다. 대신에 에이즈나 암과 같은 병들이 최고의 무서운 병이 되었다. 병도 시대와 역사의 흐름에 따라 다양한 변화를 보인다. 병의 역사와 인간 역사와의 상관관계는 어떠할까? 함께 생각해 보자.

# 전기·전신·전화, 근대화의 상징
상운(尚雲)

신사유람단의 일본 파견과 영선사의 청국 파견은 근대적 기술 도입에 중요한 계기가 되었다. 정부는 박문국, 기기창, 전환국 등 근대 시설을 갖추어 신문을 발간하고 무기를 제조하고 화폐를 주조하였다. (중략) 전신은 서울과 인천 사이에 전선이 가설됨으로써 시작되었고, 그 후에 중국, 일본과 연결하는 국제 통신망까지 이루어졌다. 전화는 처음에는 궁궐 안에 가설되었고, 그 후 서울 시내의 민가에도 가설되었다. (중략) 황실과 미국인의 합자로 설립된 한성전기회사가 발전소를 건설하고 서대문과 청량리 사이에 최초의 전차를 운행하였다.

### 세상이 밝아오다

경복궁에 전등이 달려 밤에도 대낮같이 환하고, 멀리 있는 대신들과 바로 옆자리에 있는 양 전화 통화를 할 수 있다는 사실에 고종은 놀랄 수밖에 없었다. 과연 조선은 다시 한번 부흥을 일으킬 수 있을 것인가.

전기 케이블은 근대화의 상징이었다. 에너지원을 공급하는 중앙에서부터 전선이 뻗어가는 어느 곳에서든지 전원은 그 위력을 발하였다. 전원의 공급자, 어둠을 낮으로 바꾸는 자는 누구인가? 근대화에 개입되어 있는 권력을 느낄 수 있는 대목이다. 왕은 왕가가 이 일을 함으로써 상징적으로 권력의 중심화를 추구하기를 바랐고, 이를 설치한 제국주의 세력은 자신들의 신기술을 과시함으로써 조선 침투를 용이하게 하고자 했다.

전기와 전신 그리고 전화는 근대화를 시도했던 구한말의 정부가 가장 치중했던 분야 가운데 하나였다. 청나라 시찰단인 영선사와 일본에 파견되었던 문명 견학자 즉 신사유람단의 성과가 상운이라는 인물을 통하여 설명될 것이다.

1886년 경복궁 내의 건청궁(乾淸宮) 부근에 3kw 증기발전기 두 대가 설치되고 100촉광 아크 전등 두 개를 점등한 것이 우리 나라 전기 사용의 처음이었다. 1886년 말에는 미국인 전기 기사 윌리엄 마케(Mache, William)가 미국의 에디슨 회사로부터 파견되어 건청궁의 각 방마다 에디슨 전등을 점등하였다. 그 후 일본 오사카에 있는 홈링거 상회로부터 석션 가스엔진(suction gas engine) 40마력짜리 한 대와 이 기계와 연결된 25kw의 직류발전기를 구입하게 되었다. 동시에 홈링거 상회의 기사인 코엔(Koen, Thomas H.)을 초청하여 경운궁(덕수궁)에 발전소를 설치하고, 1901년 봄에 궁내에 약 900개의 에디슨 전등을 점화하였다. 1905년에는 채광에 전기 동력을 이용하기 위해 본격적으로 전기공사를 했다. 이처럼 전기는 그 힘과 효과가 매우 컸으므로 근대화에 반드시 필요한 것으로 여겨졌다.

우리 나라에서의 본격적인 전기 사업은 한성전기회사로부터 시작하였다. 미국인 콜브란(Collbran, H)과 보스트윅(Bostwick, H. R)은 1898년 정부로부터 한성(漢城) 내에서의 전차, 전등, 전화 등에 관한 사업 경영권을 얻어 한성전기회사를 설립하였다. 한성전기회사는 그 첫 사업으로 1900년 전차 운전을 시작했고, 같은 해 5월 전등을 개시하였다.

이 회사는 자본금 150만 원으로 황실과 반반씩의 공동출자로 세워졌으나 자본이 항상 부족하여 회사 재산을 담보로 미국 신탁회사로부터 자금을 빌리게 되었다. 한성전기회사는 1904년에 결국 미국 소유가 되고 상호도 한미전기회사로 바뀌었다.

1898년 한성전기회사는 서대문, 청량리간의 단선 궤도 공사를 완공했고, 동대문에 75kw, 직류 600v 발전기 한 대와 증기 매킨토시식 보일러 등의 기계를 설치하고 전차 여덟 대와 황실용 전차 한 대를 조립하여 이듬해 5월 개통식을 가졌다. 이 공사는 일본 교토전철〔京都電鐵〕설계자들을 초빙하여 진행되었으며 전차는 회전식 개방 차로 승객 정원이 40명 규모였다.

1901년에는 용산까지의 연장공사를 완공했으며 객차 여섯 대, 화물차 다섯 대를 새로 만들었고 동대문 발전소에 새로 25kw 직류 교류 발전기를 증설하여 총발전량이 200kw가 되었다. 전등은 진고개 일본인 상가를 중심으로 600등이 점화되었다.

전기는 전선이 설치되는 한 무한히 연장되면서 자신의 힘을 과시하였다. 밤을 낮으로 바꾸는 전등의 위력 그리고 지칠 줄 모르는 힘으로 서울을 누비는 전차의 경적소리가 19세기 말 서울의 분위기를 활기차게 했다.

### 천리를 마다하네 [不遠千里]

한편 전기와 함께 전보와 전화는 주요한 근대 기계였다.
갑신정변으로 중단되었던 우편업무가 10년 만에 재개되면서 기존의 전보국들을 정리 통합하여 전우총국이 설립되었다. 1885년 서로전신선(西路電信線)이 개통되면서 국영으로 운영되는 관청조직인 한성전보총국과 인천분국이 개국되었고, 1887년에는 남로전신선(南路電信線)이 개통되고 조선전보총국과 공주, 전주, 대구, 부산 분국이 개국되었다.
한성전보총국은 청나라의 대리점 형태를 띤 것이었고 조선전보총국은 순수 한국정부 관할이었다. 전우총국이 세워지면서 전보관장기구인 전신국과 우체관장기구인 역체국이 신설되었고 위의 한성 및 조선 전보총국은 전신국 산하의 전보사로 흡수, 통합되었다.
우리 나라에서 전신(電信)의 역사가 시작된 초기에는 조선 정부의 역할이 미약하였다. 1883년 일본은 한국과 부산구설해저전선조약(釜山口設海底電線條約)을 체결하고 부산 - 나카사키[長崎] 간 해저 전선을 부설하면서 부산에 일본전신국을 개설하였다. 이에 대해 청이 일본을 견제하기 위해 제물포를 기점으로 한성, 평양, 의주를 거치는 서로전선(서로전선은 우리 나라가 변상의 책임을 진 차관으로 만들어졌다. 전주는 국내에서 조달되었으며 또 막대한 우리의 노력으로 완공되었으나 운영은 중국측이 전담하였다. )을 1885년에 부설하고 한성전보총국을 세웠던 것이다. 그러다가 1888년에야 비로소 정부 주관하에 우리 기술진에 의한 한성 - 부산간 남로전선이 개설될 수 있었다.
조선전보총국이 창설되고 한글의 전신부호와 최초의 전신업무 규정인 전보장정이 제정되자, 한국 전기 통신 사업의 새 기원이 이룩되었다.

남로전선을 개통한 정부는 한성, 춘천, 원산, 함흥을 거쳐 한러 국경에서 러시아선과 연결하는 것을 목적으로 북로전선을 계획하였으나 원산까지만 개통되는 데 그치고 말았다. 전신선의 도입 과정에 외세의 영향이 있었다고는 하지만 이렇게 몇년 안에 국내의 기술에 의하여 전선들이 설치되는 개가를 올릴 수 있었던 것은 그만큼 전신과 전기 등에 대한 정부의 관심이 컸기 때문이다.

한편 전화는 1882년 상운(尙雲)이 청으로부터 전화기를 가져와 처음 소개한 이후 16년이 지난 1898년 초에 본격적으로 설치되었다. 상운은 천진(天津) 유학길에서 돌아오면서 전화와 함께 전선 약 40장(丈 : 100미터 정도)을 가지고 왔다. 아마도 실험통화가 있었을 것이다.

이후 정확히 언제 전화가 설치되었는지는 알 수 없다. 당시 외무부라고 할 수 있는 외부의 관청 보고서인『외아문일기』에 1898년(광무 2) 1월 24일 기사를 보면, 전화로 통화한 내용이 있는데 이때쯤 설치되었을 것으로 생각된다.

당시 전화는 다리풍(爹釐風), 어화통(語話筒), 전어통(傳語筒), 덕률풍(德律風) 등으로 불리웠다. 텔레폰을 그대로 한자로 옮겨 놓은 발음이거나 뜻을 한자로 표현한 것들이다.

궁내부 소관으로 궁중에서 외부(外部) 각 아문과 인천 감리소 간에 처음으로 개통된 전화는 그 후 자주 이용되었다. 가장 먼저 시작된 통화 내용은 외국의 군함이 나타났다는 보고였다. 인천에서 전화한 통화로 금방 외국 군함 소식을 전할 수 있었으니 그 빠름에 새삼 놀라면서도 유익함을 깨달았을 것이다.

한편 일반 공중용 전화는 1902년에 이르러 한성 – 인천간 시외통화 업무를 효시로 본격적으로 시작되었다. 전화관서는 전화소 또는 동지소(同支所)라 하였고 각 전보사 지사에 부설되었다.

전화가 설치된 후 많은 이용이 있었을 뿐만 아니라 역사를 바꾸어

놓은 일도 있었다. 예를 들어 일제 시대 이후 민족주의자로 활약하였던 김구는 1895년 10월 일본인에게 피살당한 명성왕후(민비)의 원수를 갚는다고 일본의 육군중위 쓰치다[土田讓亮]를 살해하고 붙잡혔다. 법정에서 사형선고를 받고 인천의 감옥에 수감되었는데 이 사실을 들은 고종이 인천감리 이재정(李在正)을 전화로 불러 사형집행을 그만두게 하였다고 한다. 전화가 없었다면 그리고 김구가 우리 나라에서 처음으로 전화가 설치된 인천에서 옥고를 치르지 않았다면 그는 뜻을 펴보지도 못하고 죽었을 것이다. 이처럼 정부의 급한 볼 일은 전화를 통해 간단하게 처리될 수 있었다.

당시의 전화통화 내용을 기록하여 문서로 보관한『전화(電話)』라는 이름의 책이 서울대학교 내의 규장각 고도서관에 있다. 이 책은 17장의 한지로 만들어져 있는데 대한제국 때 외부(外部 : 오늘날의 외무부)가 광무 2~3년 사이 그러니까 1898년과 1899년의 전화통화 내용을 기록한 것이다. 외부와 조정의 다른 부서 사이의 전화 내용이 기록되어 있는데, 주로 황제의 집무실이나 의정부 그리고 궁내부 등 정부 핵심기관이나 인사들과 통화한 내용이다.

통화 내용 하나를 소개하면 다음과 같다. 1889년 11월 20일의 전화 기록이다.

오후 3시,
의정부 : 여보세요?
　　　　여기는 의정부 아무개입니다. 혹 외부대신께서 관청에 출석하였는지요.
윤용구(당시 일직) : 대신께서는 아직 강가의 별장에 계십니다.
의정부 : 아, 그러시다면 지금 황제폐하께서 외부대신을 부르시니 빨리 대신에게 알리시는 것이 좋을 듯하오.
윤용구 : 금방 알리도록 하겠습니다.

(한 시간이 지난 후에도 외부대신이 아직 궁궐에 출석하지 않은 모양이다. 다시 전화가 왔다.)
의정부 : 황제께서 부르신다는 말씀을 전하셨나요.
윤용구 : 이미 빠른 걸음으로 가서 전하도록 하였으나, 강가까지는 거리가 있어 아직 심부름 간 사람이 돌아오지 않았습니다.
의정부 : 그렇다면, 황제께서 급히 부르시니 다시 한 번 사람을 보내어 급히 알리십시오.
윤용구 : 예, 그러지요.
(결국 오후 6시가 되서야 외부대신이 소화불량의 증세로 몸이 불편하여 궁궐에 들어가지 못한다고 전화를 하였다고 한다.)

어쨌든 전화가 없으면 상상하기도 어려운 풍경이 19세기 후반에 궁궐과 정부 기관 사이에 벌어지고 있었다.

☞ **다 함께 생각해 봅시다**

오늘날 전기와 전화가 없는 상황을 생각해 보라. 이들 문명의 이기(利器)가 없으면 불편해서 하루도 못살 것이다. 그만큼 우리는 전기와 전화의 홍수 속에서 산다고 할 수 있다.

그러나 전화와 전기가 처음 도입되었던 한말에는 그것이 준 충격이 엄청났다. 에디슨 전구가 경복궁에 처음 불을 밝혔을 때, 그리고 전화로 대신들의 소집을 명하고 또 통화했을 때의 놀라움은 엄청났던 것이다.

오늘날에는 거의 모든 집이 전화를 가지고 있으며, 화상 전화기가 사용될 날도 머지 않았다. 당시인들이 화상 전화기를 본다면 또 한번 놀랐으리라. 당시 한국인들에게 전기, 전신, 전화가 가져다 준 변화는 무엇이었을까, 생각해 보자.

# 과학 운동의 기수

## 김용관(金容瓘)

일제 침략하에서 민족 교육 운동으로 특기할 만한 것은 조선 교육회의 창설과 민립대학 설립 운동이었다. 민립대학 설립 운동은 3·1 운동 이후에 고조된 한국인의 고등 교육열이 구체화된 것으로 우리 민족의 힘으로 민립대학을 설립하려는 운동이었다. 그리하여 이상재를 대표로 하여 조선 민립대학 설립 기성회가 결성되었고, 언론계를 비롯하여 사회 각계 각층의 호응 속에 전국적으로 확산되었다. 이외에도 문화 운동으로서 종교계의 운동, 국어 운동 등은 30년대 과학 운동으로 이어졌다.

### 진보하는 자가 살아 남는다

　사룸이 금슈보다 특별히 다른 것은 능히 압흐로 나아가는 학문이 잇슴이라. 태쵸시에 하ᄂᆞ님씌셔 만물을 창됴ᄒᆞ심이 사룸이나 금슈가 다 ᄀᆞᆺᄒᆞᆫ 동물이로디 사람은 영미ᄒᆞᆫ 지식이 날노 진보ᄒᆞ기를 한이 업는 고로 토지를 기쳑하며 스스로 나라를 일우고 님군을 밧드러 교화로 빅셩을 굴양치게 ᄒᆞ엿스니 빅셩이 님군을 섬기는 것이 군ᄉᆞ가 쟝슈를 복죵 ᄒᆞ는 ᄀᆞᆺ ᄀᆞᆺᄒᆞᆫ지라. 사룸은 졈졈 나아 감으로 지혜가 붉가지고 나라도 졈졈 나아감으로 졍치가 울흥ᄒᆞᄂᆞ니 (중략)

　1899년 8월 5일 『독립신문』의 한 구절인 「진보론」이다. 영국의 한 학자가 쓴 진보론을 『독립신문』의 편집자가 소개하면서 자신의 논설을 약간 덧붙인 것이다. 인간의 진보를 무한한 노력의 결과로 보고 있고 조선도 진보를 위해서는 많은 서양의 학문과 과학을 교육시켜야 한다는 내용이다.
　20세기가 시작하기 전부터 진보론은 우리 나라뿐만 아니라 전세계의 식자층을 흥분시켰다. 다윈의 생물학적 진화론에서 시작된 진화론은 그 전파 과정에서 인간 사회로까지 적용 대상을 넓혔다.
　다윈이 제창한 생물 진화론은 다음과 같다. 각 종간의 갈등과 생존 경쟁이 자연 세계에서 계속 일어나고, 경쟁에서 승리한 종만이 자신의 번식을 유지, 살아 남을 수 있다는 것이다. 영국인이었던 다윈은 19세기 『종의 기원』이라는 책을 저술함으로써 일약 세계에 가장 큰 파장을 미친 과학자가 되었다.
　세계 각국에 전파된 다윈의 진화론은 동양에도 물론 전해졌는데, 동양에 전해진 것은 주로 헉슬리나 스펜서 등에 의하여 사회 진화론으로 그 성격이 변화된 것이었다. 원래 다윈의 이론은 자연 세계만의 갈등과 경쟁을 주장한 것이었지만 스펜서 등은 이를 인간 사회에도 확대 적용하여 우수한 인간 집단이나 민족, 국가가 열등한 민족과 국가를 경쟁에서 이기고 지배한다고 주장했던 것이다.

조선에서도 사회 진화론의 영향은 즉각 나타났다. 한말 개화의 움직임과 함께 1880년대 유길준의 '경쟁론(競爭論)'에 의해 수입된 진화론은 1890년대 후반에는 독립협회에 의해 적극 수용되었고, 앞서의 『독립신문』 지상을 통해 진보론에 대한 입장이 강조되었다.

그러다가 1900년대 중국의 지식인 양계초(梁啓超)의 『음빙실문집(飮冰室文集)』이 수입되면서 지식인 사이에서 진보에 대한 관심이 본격화되었다. 사회 진화론에 입각한 실력 양성을 주장하는 운동은 그 후 1910년 일본의 강제 점령으로 더욱 확대되었다. 열등한 국가의 현실이 눈앞에 드러났던 것이다. 지식인들은 개화와 과학기술의 발전을 통한 민족의 독립과 발전을 주장하였다. 실력 양성을 중요시 여긴 이 운동은 여러 가지 양상으로 표현되면서 1930년대까지 유지되었다.

1920년, 30년대의 자치 운동(自治運動)은 실력 양성을 통하여 조선 민족이 처한 어려움을 극복하고 민족의 독립을 꾀하자는 일종의 문화 운동이었다. 먼저 산업을 장려할 것과 교육의 보급, 의식 개혁 등이 주장되었다. 또한 민족의 실력을 형성하기 위한 모든 방법이 제시되었다. 과학 기술의 진흥, 국사를 통한 민족 정기의 고양, 한국어 운동 등 여러 가지 분야에서 이와 같은 경향의 움직임이 있었다.

### 과학 운동이 곧 진보다

다음에 소개하는 김용관(1897~1967)을 중심으로 하는 과학 운

『과학조선』
1933년 발간된 우리나라
최초의 종합과학잡지이다

동도 같은 맥락이었다. 그는 1920년대 후반기에 신간회 등 좌우파의 협동 전선이 결렬되면서 흩어진 지식인을 규합하고자 했다. 또 동시에 합법적 민족 운동의 하나로 발명학회를 창립하고 과학 행사 등을 벌였다. 『과학 조선』이라는 과학 대중잡지를 창간하여 편집인을 하면서 과학의 대중화를 위해 노력하기도 했다.

김용관은 서울 창신동에서 태어났고 호는 장백산(長白山)이었다. 1918년 경성공업전문학교 화학공업과를 졸업하고 동경의 구라마에 고등공업학교를 졸업하였다. 당시 고등공업학교라고 하면 오늘날의 초급 대학 수준이거나 전문대 이상이었다.

일본에서 학업을 마치고 1924년 귀국한 그는 발명학회 설립의 중심 역할을 하면서 과학 대중화 운동의 모체가 된 과학 지식 보급회의 산파역을 맡았다. 또 언론과 법조, 교육, 종교계를 포함한 과학 대중화 운동을 전개하였다.

당시 김용관의 제창에 따라 과학 운동에 참여한 사람들은 대부분이 실력 양성을 주장하였던 인물들이다. 1924년 10월 1일 창립된 발명학회의 발기인 41명에는 경성공업고등학교 출신의 발명가뿐만 아니라 당시 동양 염직(染織)의 사장이면서 조선 물산 장려회 이사였던 김덕창(金德昌), 유길준(兪吉濬)의 아들로 민립대학 기성회의 상무 위원이며 조선 물산 장려회의 이사장이었던 유성준(兪星濬), 민립대학 설립 운동에 참여하였던 이승훈(李昇薰) 등도 포함되어 있었다.

1930년대 과학 운동의 사상적 맥락은 다윈의 진화론이 사회에 적용된 이른바 '사회 진화론'이었다. 앞서 말했듯이 사회 진화론은 다윈이 말한 적자생존 즉 종간의 갈등과 경쟁에서 이긴 종만이 이 세상에 살아 남을 수 있다는 진화론의 생각을 사회 일반으로까지 확대 적용한 것이다. 즉 자연 생태계에서 뿐만 아니라 인간 사회에도 생존경쟁, 적자생존, 우승열패의 냉엄한 논리가 작용한다는 것이다.

이런 생각은 당시의 국제적 분위기와 결합하여 제국주의적 질서를 탄생시키는 데 일조하였다. 약소국인 조선의 지식인들에게 이러한 세계관은 새로운 충격이었다. 그들은 약소국이 살아 남기 위해서는 약육강식의 논리를 앞세운 현실을 타개해야 할 것이며 그 길은 과학의 발달과 문명 개화에 있다고 보았다. 즉 조선이 살아 남기 위해서는 다른 강대국처럼 부국강병을 해야 한다는 것이다.

과학 운동 역시 실력 양성을 주장하였던 점에서 사회 진화론에 민감하였다. 과학 운동 단체는 과학의 대중적 보급을 위해 퍼레이드 등 다양한 행사를 기획했다. 또 처음으로 진화론을 주장했던 다윈을 매우 중요시 여겨 그의 생일인 4월 19일을 과학의 날로 삼았다.

과학 운동가들에게 문명 발달의 유일한 원동력은 바로 과학기술의 발달이었다. 김용관은 "문명의 요소는 발명과 발견"이라고 주장하였다. 발명학회 이사장이었던 이인(李仁)도 "인류의 역사는 곧 발명의 역사라고 할 수 있다. 이와 같이 인류 문명의 대부분이 발명에 의하여 된 것을 보면 발명가(편자 주 : 당시 발명가는 과학기술자를 포괄하는 의미를 가지고 있다)의 인류에 대한 기여와 공헌은 참으로 큰 것이다. 산업을 개혁하여 국가 사회의 경제력을 충실하게 한 것도 발명의 힘이요, 문화가 발달하여 전대에 없던 세상을 만들 수 있는 것도 발명의 힘인 것이다"고 하였다.

### 『과학 조선』의 내용

당시 발명가들의 수준은 어느 정도였을까?
오늘날의 수준에서 보면 그들은 아마추어의 단계를 넘지 못했다. 물론 외국에 유학까지 한 이공계 대학의 출신들이 있기도 했지만 그들이 충분한 연구 활동을 할 만한 여건이 마련되어 있질 못했다. 당시 발명가들 곧 과학자들의 수준을 잘 보여 주는 일화가 있는데 영구 동력기관에 대한 그들의 집착이다.
영구 동력은 비용이 들지 않으면서 무한한 에너지를 생산한다는 점에서 고대부터 인간의 호기심이 집중되었던 분야이다. 그러나 에너지 보존 법칙에 의해 영구 동력기관은 존재하지 않는다는 것이 밝혀지고 이론적으로도 설명이 되었다. 그럼에도 불구하고 여전히 조선에는 영구 기관에 대한 연구가 많았던 모양으로 김용관은 『과학 조선』에서 두 차례에 걸쳐 「아니될 상담(相談) 영구 기관」이라는 제목으로 영구 기관의 제작이 불가능함을 설명하고 있다.

영구 운동기계 가운데는 물질의 중량을 이용한 것 혹은 수차와 같이 물을 이용한 것들이 있는데 대부분 축에 수평 방향으로 칸을 만들고 같은 무게의 추를 집어넣거나 매단다. 그리고 일단 힘을 주어 운동시키면 그 운동이 계속된다는 것이다. 이 운동은 이론적으로는 그럴듯하지만 실제로는 마찰 등으로 인하여 에너지가 유지

되지 않아 결국 정지한다. (『과학 조선』 1933년 9월호)

과학의 대중화를 위해 노력했던 김용관은 『과학 조선』에 「질문과 응답」 코너를 마련, 과학 상식에 대한 정보를 제공했는데 당시의 질문들을 살펴보면 다음과 같다.

1. 질문 : 태양 광선은 지구에 도달하는 데 몇 초가 걸립니까?
   응답 : 대략 8분 16초올시다. (1933년 6월호)
2. 질문 : 전등은 직류입니까, 교류입니까?
   응답 : 교류올시다. (1933년 6월호)
3. 질문 : 자석에는 어째서 철이 붙습니까?
   응답 : 이것은 아직 학설이 없습니다. 자연계의 신비입니다. 당신 같은 이가 신비를 해결하십시오. 자석은 철 이외에 닛켈, 코발트 같은 금속을 붙입니다. 요새 새로 나온 십전, 오전짜리 동전은 잘 붙습니다. 실험하여 보십시오. (1936년 1월호)

일제의 탄압은 과학 운동을 통한 실력 양성을 그대로 두지 않았다. 김용관 등이 투옥되었고 과학 운동의 향방이 불투명해지면서 모처럼 일어났던 과학 지식의 보급과 활성화 운동도 사그라들었다.
오늘날 가장 각광받는 학문이 과학임을 생각할 때 선구자들의 과학 운동이 성공하였더라면 하는 아쉬움 크다. 지금 우리에게는 21세기에 걸맞는 '전 국민의 과학화' 캠페인이 있어야 할 것이다.

### ☞ 다 함께 생각해 봅시다

과학이 인류 문명의 가장 큰 요소이자 최고의 원동력이라고 생각한 사람들이 1930년대 우리 나라에서도 과학 운동을 일으켰다. 과학만이 조선이 일본에서 독립하여 발전하는 길이라고 생각하고 열심히 과학기술 지식을 보급, 연구하였다. 오늘날도 과학과 기술에서 선진국 대열에 선 나라는 부강하게 되고 그렇지 못한 나라는 후진국으로 전락하고 만다. 그러나 과학기술의 발전만을 생각한 나머지 왜 과학과 기술이 발전되어야 하는지 그리고 진정으로 인간을 위한 과학기술은 무엇인지 생각할 겨를이 없었다. 인간을 위한 과학과 기술은 어떤 것인지 다 함께 생각해 보자.

# 참고 논저 목록*

강재언(1982),『한국근대사연구』, 한울.
_____ (1990),『한국의 서학사』, 민음사.
고려대 민족문화연구소 편(1968),『한국문화사대계』Ⅲ 과학·기술사.
_____ (1977),『한국현대문화사대계』Ⅲ 과학·기술사.
권태억(1989),『한국근대 면업사연구』, 일조각.
근대사연구회편(1987),『한국중세사회 해체기의 제문제』, 한울.
김광언(1986),『한국농기구고』, 한국농촌경제연구원.
김두종(1966),『한국의학사』, 탐구당.
김신근(1987),『한의약서고』, 서울대출판부.
김영제(1977),『한국병리학사』, 전파과학사.
김영진(1984),『조선 시대 전기 농서』, 한국농촌경제연구원.
김용섭(1988),『조선농업사연구』, 일조각.
_____ (1988),『조선 후기 농학사 연구』, 일조각.
김용운, 김용국(1978),『한국수학사』, 열화당.
_____ (1984),『동양의 과학과 사조』, 일지사.
김재근(1989),『우리 배의 역사』, 서울대출판부.
김철준(1990),『한국고대사연구』, 서울대출판부.
김철준, 최병헌(1986),『사료로 본 한국문화사』, 고대편, 일지사.

＊)이 책을 엮는 가운데 많은 선학들의 글을 이용하였다. 모두 주를 달아 인용처를 밝혀야 하나 책의 성격상 그렇게 되지 못했다. 다만 참고 문헌란에 인용 서적을 적어둔다. 과학기술사에 더 관심이 있는 분에게 도움이 되었으면 한다. 또 각 인물의 서두에 있는 발문은 고등학교 국사교과서의 해당 부분의 내용을 발췌해서 적은 것임도 아울러 밝혀 둔다.

김충렬(1984),『고려유학사』, 고려대출판부.
노태천(1989),『한국수공기술사개관』.
박성래(1982),『한국과학사』, 한국방송사업단.
손홍렬(1988),『한국중세의 의료제도연구』, 수서원.
송찬식(1973),『조선 후기 수공업에 관한 연구』, 서울대 한국문화연구소.
신용하(1987),『한국근대사회사상사연구』, 일지사.
윤병태(1992),『조선 후기의 활자와 책』, 범우사.
이  찬(1991),『한국의 고지도』, 범우사.
이강칠(1977),『한국의 화포』, 군사박물관.
이광린(1969),『한국개화사연구』, 일조각.
_____ (1979),『한국개화사상연구』, 일조각.
_____ (1989),『개화파와 개화사상연구』, 일조각.
이광린, 신용하(1984),『사료로 본 한국문화사』, 근대편, 일지사.
이기백, 민현구(1984),『사료로 본 한국문화사』, 고려편, 일지사.
이용범(1988),『중세 서양 과학의 조선 전래』, 동국대출판부.
이원식(1990),『한국의 배』, 대원사.
이원호(1974),『한국기술교육사』, 서문당.
이은성(1978),『한국의 책력』, 전파과학사.
_____ (1985),『역법의 원리분석』, 정음사.
이춘령(1989),『한국농학사』, 민음사.
이태진(1989),『조선유교사회사론』, 지식산업사.
_____ (1986),『조선사회사연구』, 지식산업사.
이호철(1986),『조선 전기 농업경제사』, 한길사.
전상운(1972),『한국의 고대과학』, 탐구당.
_____ (1976),『한국과학기술사』, 정음사.

정옥자(1988), 『조선 후기 문화운동사』, 일조각.
채연석(1981), 『한국 초기 화기연구』, 일지사.
천혜봉(1989), 『고인쇄』, 대원사.
최창조(1984), 『한국의 풍수사상』, 민음사.
한영우(1983), 『조선 전기 사회사상연구』, 지식산업사.
_____ (1988), 『한국의 문화전통』, 을유문화사.
한우근, 이성무(1985), 『사료로 본 한국문화사』, 조선편, 일지사.
현정준(1975), 『세계의 역』, 삼성문화문고 69.
홍이섭(1946), 『조선과학사』, 정음사.
홍희유(1978), 『조선 중세 수공업사 연구』, 지양사.

### 역사로 읽는 우리과학

지은이 과학사랑
초판 1쇄 1994. 6. 1
초판 6쇄 2007. 4. 1
펴낸이 이선규
펴낸곳 도서출판 아침

서울시 마포구 서교동 465-19
전화: 326-0683, 326-3937
팩스: 326-3937
등록: 서울 제21-27(1988.5.31.)

값 9,000원

ISBN 89-7174-004-3 03910